中国海洋

“中国海洋”丛书

美丽海洋

中国的海洋生态保护与资源开发

刘岩 丘君 等编著

五洲传播出版社

图书在版编目（CIP）数据

中国的海洋生态保护与资源开发 / 刘岩，丘君著. -- 北京：五洲传播出版社，2023.03

ISBN 978-7-5085-4960-6

Ⅰ. ①中… Ⅱ. ①刘… ②丘… Ⅲ. ①海洋生态学－研究－中国②海洋资源－资源开发－中国 Ⅳ. ①Q178.53②P74

中国版本图书馆CIP数据核字(2022)第227532号

美丽海洋——中国的海洋生态保护与资源开发

编　　著：刘　岩　丘　君　郑苗壮　朱　璇
特约编辑：何北剑
责任编辑：黄金敏
图片提供：国家海洋局海洋发展战略研究所　中国新闻图片网
　　　　　东方IC　FOTOE　CFP
装帧设计：丰饶文化传播有限责任公司
出版发行：五洲传播出版社
地　　址：北京市海淀区北三环中路 31 号生产力大楼 B 座 6 层
邮　　编：100088
发行电话：010-82005927　010-82007837
网　　址：http://www.cicc.org.cn　http://www.thatsbooks.com
印　　刷：北京市房山腾龙印刷厂
版　　次：2023 年 3 月第 1 版第 1 次印刷
开　　本：710 × 1000 毫米　1/16
印　　张：12
字　　数：100 千字
定　　价：78.00 元

序言

1961 年 4 月 12 日，世界上第一艘载人宇宙飞船“东方号”在苏联发射升空。宇航员尤里·阿列克谢耶维奇·加加林在他历史性的太空飞行中描述人类从未见到过的景象：“地平线呈现出一片异常美丽的景色，淡蓝色的晕圈环抱着地球，与黑色的天空交融在一起。天空中，群星灿烂，轮廓分明。”加加林划时代的 108 分钟飞行，正好在绕地球运行一周后回到了地球上。

1968 年 12 月，美国宇宙飞船“阿波罗 8 号”飞往月球。宇航员比尔·安德斯拍摄到美国宇航史上最经典的一张照片——蓝色的地球从灰色的月球地平线上升起。这是人类首次看到地球的全貌。

美国女企业家阿努谢赫·安萨里成为首位太空女游客。她回忆说：“地球的纯粹之美让我热泪盈眶。”

从太空中看到的地球之所以是蓝色的，是因为地球上的海洋。海洋占地球表面总面积 3.6 亿平方千米的 71%。海洋中含有 13.5 亿多立方千米的水，约占地球上总水量的 97%。到目前为止，人类已探索的海底只有 5%，还有 95% 的海底是未知的。在人类赖以生存的陆地资源越来越匮乏时，相对无限的海洋早已是人类未来生存的希望。然而，从宇宙的视角看地球、看海洋，从人类生存的远景看海洋，其实海洋也是稀缺和脆弱的资源。

怎样看世界，决定了人们怎样对待世界。而怎么看海洋，当然决定了人们怎么对待海洋。

1990 年第 45 届联合国大会做出决议，敦促世界各国把开发海洋、利用海洋列为国家的发展战略。1992 年联合国环境与发展大会通过的《21世纪议程》指出：海洋是全球生命保障系统的一个基本组成部分，也是一种有助于实现可持续发展的宝贵财富。1994年11月16日《联合国海洋法公约》正式生效，标志着现代国际海洋法律制度的建立，为全球海洋资源与环境的可持续发展奠定了国际海洋法律基础。

中国大陆海岸线长约18000千米，大于500平方米以上的海岛约7300个，主张管辖海域面积约300万平方千米。中国海跨越暖温带、亚热带和热带三个气候带，近岸海域具有红树林、珊瑚礁、滨海盐沼湿地、海草床、海岛、海湾、入海河口、上升流等多种类型的海洋生态系统，渔、能、港、景等海洋资源丰富。千条江河归大海。据不完全统计，有辽河、海河、黄河、淮河、长江、珠江等六大流域1500多条河流注入大海。丰富的自然环境造就了多姿多彩的海洋生态环境，使其成为美丽中国的一部分。

中国丰富的海洋资源和多样的海洋生态环境为沿海地区，乃至整个中国的经济社会发展提供了巨大的生态服务和资源支撑，是中国经济持续健康发展的宝贵财富。目前可开发利用的主要海洋资源有海洋生物资源、矿产资源、海水资源、海洋可再生能源和海洋空间资源等。

随着海洋资源的开发和利用，形成了10多个海洋产业。这些产业所创造的增加值占中国国内生产总值的10%左右，海洋资源开发活动还提供了3300多万个就业机会。

海洋为国民经济和社会发展提供巨大支持的同时，高涨的海洋开发热情和快速的海洋经济发展也给海洋特别是近海生态环境带来了巨大压力。近年来中国近海海洋生态环境呈持续恶化的趋势。与此同时，受人类活动和气候变化的双重影响，中国海洋灾害频发，中国海洋可持续发展面临较大的挑战。

中国高度重视海洋生态环境保护和海洋可持续发展，积极参与世界可持续发展的进程，制订了《中国21世纪议程——中国 21 世纪人口、环境与发展白皮书》。中国既是陆地大国，又是沿海大国。中国的社会和经济发展将越来越多地依赖海洋。因此,《中国 21 世纪议程》把“海洋资源的可持续开发与保护”作为重要的行动领域之一。

进入 21 世纪，中国政府更加重视海洋事业的发展，海洋成为国民经济和社会发展的优先领域。可持续发展政策也不断完善，海洋可持续发展能力稳步提升。

在中国，海洋生态环境保护和在保护前提下资源的科学开发，也前所未有地得到社会各界的赞誉和支持。建设美丽海洋是人类共同的责任，这一认识正在成为现实。

目录

陆地外的富饶与美丽

——中国的海洋生态和资源

多样的海岸生态

中国的海洋跨越暖温带、亚热带和热带3个气候带。中国入海河流众多，流域范围广阔。多样的自然环境孕育了多种类型的海洋生态系统。中国海洋生物资源种类繁多，约占全球海洋生物物种的10%，是全球海洋生物多样性最丰富的5个近海海域之一。

1500多条河流入海

中国960万平方千米的土地上，有着18000多千米的海岸线。大大小小1500多条河流，从海岸线汇入大海，入海河流径流量占中国河川径流总量的69.8%，其中流域面积广、径流大的河流主要有长江、黄河、珠江、钱塘江等。

全长6300千米、流域面积180多万平方千米、约占中国土地总面积1/5的长江是中国第一大河，也是世界第三大河。它发源于青藏高原唐古拉山脉主峰格拉丹冬雪山的西南侧，干流流经中国10个省、市、自治区，在崇明岛以东流入东海。长江年平均入海水量达到1万亿立方米，居世界第三位。

黄河是中国第二大河，因为河水黄浊而得名。它发源于巴颜喀拉山北麓约古宗列盆地，流经中国7个省区，在山东省垦利县流入渤海，全长5464千米，流域面积75.24万平方千米。黄河平均每年挟带10余亿吨泥沙入渤海，造就了近代的黄河三角洲。

黄昏时分，山东济南黄河岸边彩霞似火，美景如画。

珠江是中国第三大河。它发源于云贵高原乌蒙山系马雄山，流经6个省、自治区，从广东省的八大口门流入南海。全长2214千米，流域总面积45.26万平方千米。

钱塘江是中国浙江省最大的河流。它发源于安徽省休宁县西南，干流流经安徽、浙江两省，经杭州湾入海。全长605千米，流域面积4.88万余平方千米。

注入中国近海的江河、溪流数量较多，不仅带来大量淡水，而且其陆地流域面积广，所携带和溶解的物质也非常多，它们对中国海的自然环境都产生了重大的影响。

17个重要河口

河流的入海地点，在海洋学中叫河口，又叫河口湾、三角湾，它是河水和海洋的结合部。在海上看，它是一个半封闭的海岸水体，它和开阔的海洋自由沟通，同时，沿岸有一条或数条大型河流注入其中。携带有大量泥沙的河流注入海洋时受到潮汐的顶托，造成泥沙在两岸大量沉积，便形成了河口湾。在河口内，由于咸的海水被内陆排出的淡水稀释，咸水和淡水在河口处混杂，形成了水产盛产区域。

尽管中国海岸带上有大小入海河流1500余条，但它们当中重要的入海河口却只有17个。它们分别是黄河口、长江口、珠江口、图们江口、鸭绿江口、辽河口、滦河口、海河口、灌河口、钱塘江口、椒江口、瓯江口、闽江口、九龙江口、韩江口、南流江口和北仑河口。

河口海域是最重要的海洋生态系统之一，也是海洋生产力最高、生物多样性丰富、开发利用强度最大的区域。

大小河流注入大海，形成众多的河口生态系统。河口生态系统拥有丰富的生物多样性和特殊性，其中的特殊性以水中生物为例，如珠江口是中国重要的湿地之一，也是中国境内白海豚分布最密集和种群最多的区域，有世界仅有的白鲟、中华绒螯蟹等。河口还是

长江入海口卫星图

许多溯河物种的主要洄游通道或短暂停留地，很多重要经济动物将河口区作为产卵繁育地。

世界最大的芦苇沼泽湿地

从中国东北地区的辽宁省盘锦市乘车往西南方向走近 1 小时，就到达了横亘海边的护苇大堤。站上护苇大堤，就能看到被称为世界上最大的植被类型——保存完好的芦苇沼泽地辽河三角洲湿地。

滨海盐沼湿地位于海陆相互作用的河口地带，一般生长芦苇等多种盐生草本植物，以及大量的潮间带底栖生物。芦苇群落是中国滨海盐沼湿地分布最广泛的草本盐沼类型。

在渤海湾畔，辽河、大辽河入海的交汇处形成的这片 120 万亩的芦苇沼泽地——辽河三角洲，是中国北方滨海湿地的重要群落。这片滨海湿地中具有生物多样性的特征，生长着芦苇、红碱蓬、香蒲等植被，这里也是近 7000 种野生动物的栖息地，其中鸟类 236 种，

盘锦湿地的丹顶鹤

有丹顶鹤、濒危物种黑嘴鸥、大天鹅、东方白鹳等。这里是丹顶鹤繁殖的最南限，是世界上黑嘴鸥最大的繁殖栖息地，也是东亚候鸟迁徙路线的重要停歇和取食场所。

在果实里怀胎的红树林生态系统

红树林生态系统是河口地区的典型生态系统。它是由生长在热带海岸泥滩上的红树科植物和周围环境共同构成的生态功能统一体。

在红树林生态系统中，主要植物种类是红树、红茄莓、角果木、秋茄树、木榄、海莲等。它们有呼吸根或者支柱根。它们在果实里怀胎：果实还在树上时，种子就在果实里面萌芽成小苗。成熟后，它们带着小枝叶脱离大树，一个个从树上跳到海滩中，随着海水到处漂流，遇到合适的地方就扎根下来，安家生长。

红树林生态系统在中国的浙江、福建、台湾、广东、广西和海南部分沿海滩涂地区都有分布。其中广西红树林资源最为丰富，其红树林面积占中国红树林面积的三分之一。无论是种类还是分布范围，在太平洋西岸，中国的红树林都具有代表性。

红树林对海洋灾害防御的意义重大，具有防风消浪、促淤保滩、固岸护堤、净化海水的作用。同时也是海岸滩涂动物的重要栖息地。

红树林是世界上生物多样性最为丰富的生态系统之一，如中国广西山口红树林区就有111种大型底栖动物、104种鸟类、133种昆虫。

海南东寨港红树林自然保护区是中国首个红树林保护区，面积40多平方千米。保护海南红树林面积15.782平方千米，红树植物133种，其中真红树植物22种，半红树植物11种，占中国红树林植物种类的90%。东寨港红树林保护区1992年被列入《关于作为水禽栖息地的国际重要湿地公约》组织中的国际重要湿地名录。

广西山口红树林生态保护区位于广西北海市合浦县沙田半岛东

海南东寨港红树林自然保护区

西两侧，地处亚热带，海岸线总长 50 千米，红树林面积 7 平方千米。保护区内浮游植物 96 种，底栖硅藻 158 种，鱼类 82 种，贝类 90 种，虾蟹 61 种，鸟类 132 种，昆虫 258 种，还有儒艮等珍稀保护动物，是中国第二个国家级的红树林自然保护区。

广东湛江红树林自然保护区位于中国大陆最南端，呈带状散式分布在广东西南部的雷州半岛沿海滩涂上。红树林面积约 90 平方千米，是中国沿海红树林面积最大的保护区，红树植物 24 种，鸟类 194 种，贝类 130 种，鱼类 139 种。

珊瑚堆积形成的 3 万平方千米的南海岛屿

在广阔的南海上，散布着 200 多个岛屿、暗礁和暗沙。它们像一颗颗宝石镶嵌在中国的海面上。但是，有谁知道这些岛屿是由什么“建造”的吗？是由珊瑚虫！

三亚国家珊瑚礁自然保护区，美丽的珊瑚礁。

从纬度看，中国的海洋中，三分之二的海域地处热带和亚热带，非常适宜珊瑚的生长发育。珊瑚礁主要分布在西沙和南沙群岛及台湾、海南沿海，粗略估算南海诸岛珊瑚礁总面积约 3 万平方千米。

珊瑚虫是热带浅海中的特有动物，它们个子小、数量大、繁殖快。它们附着在岩石上生长，喝的是“水”，分泌出的是石灰质。石灰质形成它们坚硬的骨骼。它们新一代附着在老一代的骨骼之上繁殖生长，生生不息，成长不断。千百年过去，小小的珊瑚虫就以自己的躯体铸成了茫茫大海里的珊瑚礁滩和珊瑚礁滩岛屿。3000 万年以来，珊瑚虫在南海繁衍了 100 多种，形成了中国的南海诸岛。

除了红树林和珊瑚礁，中国的海边生态系统还有沿海从南到北都有的海草床资源，其中以广东、广西、海南为多。海南的海草床分布区集中在海南岛东部从文昌至三亚、西部从澄迈到东方的近岸海域；广东的海草床主要分布在雷州半岛的流沙湾、湛江东海岛和阳江海陵岛等附近海域；广西的海草床主要分布于合浦和珍珠港附近海域。

丰富的海洋资源

海洋资源指的是和海水水体、海底有着直接关系的物质和能量，包括海水中生存的生物，溶解于海水中的化学元素，海水波浪、潮汐及海流产生的能量、贮存的热量，滨海、大陆架和深海海底所蕴藏的矿产资源，还有海水形成的压力差、浓度差等。广义的海洋资源还包括海洋提供给人们生产、生活和娱乐的一切空间和设施。

26000多种海洋生物生活在中国近海

2014年4月的一个下午，中国海洋网的一位资深编辑应邀到上海的一所著名中学，给学生们讲海洋的故事。结束时，这位编辑问学生们："你们知道在中国的海洋里，一共生活着多少种生物吗？"时间过去好久，没有一个学生能回答出来。学生们的眼神里不但有茫然，更有渴望。"有26000多种"，这位编辑说。听后，大部分学生睁大的眼睛里露出惊讶的神情。

应该说，这位编辑的问题确实难了一些。地球有多重？地球上有几大洋、几大洲？有多少个国家？这类问题，上过物理课和地理课的人大概都能知道个八九不离十。但是，有多少人知道，海洋中有多少生物呢？

近年来，中国的一些城市已经建成或者正在兴建海洋馆、水族馆，比如大连的圣亚海洋世界、青岛的极地海洋世界、上海的

2014 年 4 月，青岛海底世界“梦之蓝”海洋生物精品馆开展，观众在欣赏转基因的荧光鱼、蓝色的魔鬼鱼等，犹如置身于海洋深处，美轮美奂。

海洋水族馆、西安的曲江海洋世界等。辽宁省的大连市更进一步，建成了世界级的、中国唯一的展示极地海洋动物和极地体验的场馆——极地馆。在那里，有白鲸、海豚、海狮等大型海洋哺乳类动物，它们还能做精彩的表演。在极地馆的海兽馆里，游客可以近距离和海狮嬉戏，亲手喂食给它们，体验动物与人类友好相处的惬意。

但是，对于近 14 亿中国人来说，水族馆、海洋馆、极地馆的数量远远不能满足人们对海洋了解的渴望。海洋作为人类宝贵的资源财富和生存的保障，到了必须被认知、了解和全力保护的时刻。

海洋生物资源为中国人提供 1/5 的动物蛋白质食物

海洋生物资源是指有生命的能自行繁殖和不断更新的海洋资源，是由不同种类的海洋动物、海洋植物、真菌和深海基因资源组成的。海洋中许多动物和植物可以食用，是潜力极大的优质食物宝库。据估计，海洋大致为中国人提供了超过 1/5 的动物蛋白质食物。海洋中还有大量天然动植物资源和基因资源有待开发，近海水域还可以变成人工海上牧场，成为大规模食品生产基地。

2013 年前三季度，辽宁省渔业经济继续保持增长态势，总产值实现 1028.1 亿元，同比增长 12.4%。渔业经济增加值和水产品产量也分别增长 10.5% 和 6.6%，达到 500.6 亿元和 390.4 万吨。

渔业的丰收和海产品销售量的增长表明了中国人对海产品需求的强劲，也说明了海洋产品在中国人生活中的重要性。

中国近海鱼类有 1694 种，其中黄海、渤海鱼类有 250 多种，东海有 600 余种，南海有 1000 余种。中国近海经济利用价值较大的鱼类有 150 多种，重要的捕捞对象有带鱼、鳗鱼、大黄鱼、小黄鱼、蝶鱼、鲳鱼、鲐鱼、红鱼、金线鱼、鳍鱼、沙丁鱼、盆鱼、河豚等；具有经济价值的软体动物有鱿鱼、乌贼、鲍鱼、扇贝、章鱼等；节足动物有对虾、青虾、龙虾、毛虾、鹰爪虾、锯缘青蟹、梭子蟹等；棘皮动物有海胆、棘参、梅花参等；腔肠动物有海蜇等。

中国近海渔业资源主要分布在渤海、黄海、东海和南海的各个渔场。渤海海区入海河流众多，为多种渔业资源提供了重要的产卵和育肥场所需要的自然条件，也成就了渤海“鱼虾摇篮”的美誉。渤海的渔业资源主要以生命周期短、食性低的对虾、毛虾、鹰爪虾、梭子蟹、褐虾、海蜇等为主，这类渔获的产量约占渤海海区总渔获量的 72%—75%。中上层鱼类主要包括鲐鱼、鲳鱼、蓝点马鲛、鳓鱼、青鳞鱼、梭鱼、斑鲫等，底层、近底层的渔获主要包括带鱼、梅童

江苏连云港市赣榆沿海码头格外忙碌，数百渔民驾船满载而归，船舱里堆满了黄鱼、鲳鱼、带鱼等新鲜海鱼。

鱼、黄姑、小黄鱼、叫姑鱼、鳐鱼、鲆鱼、鲈鱼、鲽鱼、舌鳎等。

黄海是冬季多种鱼虾类越冬的场所。黄海沿岸、近岸海区多产带鱼、大黄鱼、小黄鱼、鲳鱼、鳕鱼、鳓鱼、牙鲆、高眼鲽、鲅鱼、鲐鱼、太平洋鲱鱼、对虾、鹰爪虾、毛虾、乌贼等。

东海渔业资源丰富，资源的品种和数量都比较多。东海海区历史上年产量在 10 万吨以上的有鲐鱼、带鱼、大黄鱼、小黄鱼和绿鳍马面鲀等共 5 种，单鱼种高产品种数量居四大海区之首。东海海区渔获物的主要构成以底层和近底层暖温性资源种类为主，能够占到海区渔获总量的 30% 左右，其次是中上层鱼类，占到海区渔获总量的 20% 左右。

南海海区气温较高、浮游生物繁殖快、鱼虾种类繁多，是中国重要的热带鱼场。南海海区的渔业资源以底层鱼类为主，其捕获量占到南海总渔获量的 50% 以上，捕获量相对较多的有海鳗、狗母鱼、蛳鲤、银方头鱼、长尾打眼鲷等。中上层鱼类的产量能够占到南海总渔获量的 30% 左右，其中占有较大比重的有金色小沙丁鱼、

2010 年 7 月，“海洋贝壳展”在杭州的浙江自然博物馆举行。展览展出 600 多个品种、1000 多件贝壳标本，几乎囊括了海洋贝类的各个科目，包括南美、西非、澳洲、南极和亚洲国家的贝壳。

小公鱼等。虾、蟹和头足类生物在南海海区总渔获物中所占的比例较小，分别为 5.5% 和 2% 左右，虾类主要有日本对虾、短沟对虾、长毛对虾、龙虾等。

贝类和藻类也是重要的海洋生物资源。世界上现存贝类 11 万多种，中国已知的贝类约 4000 余种，其中相当大一部分是海洋贝类。中国是世界上进行海洋贝类人工育苗规模最大、数量最多的国家，以扇贝、牡蛎、鲍为主要养殖品种。中国藻类植物约有 1 万余种，分为 10 门，其中绿藻类、褐藻类、红藻类和蓝藻类作为药用的种类最多。

不靠阳光生存的深海生物

在海洋的深处，有许多被人们发现和尚未发现的热液喷口。在热液喷口的周围，生长着许多生物群落，它们就是深海生物。这种生物群落数量巨大，它们的生存不依靠传统的光合作用，而是依赖自身的化学过程自我维持生存和繁衍，这种独特的生态基因系统，在生物学研究、揭示生命的起源和拓展生命的生存空间等方面，都有着重要的学术价值。

人类极少涉足的深海环境中的生物基因资源，是无可替代的。据估算，位于深海沉积物顶部的 10 厘米空间约含有 4.5 亿吨脱氧核糖核酸 (DNA)。在陆地生物资源已被比较充分利用的今天，对深海生物及其基因资源的采集和研究将为生物制药、绿色化工、水污染处理、石油采收等生物工程技术的发展提供新的途径与生物材料。此外，深海热液喷口等区域的环境与地球早期环境类似，不仅是观察地球深部结构的窗口，也被认为是探索生命起源奥秘的最佳场所。

中国在深海生物基因资源地采集、研究等方面目前还落后于发达国家，但生物基因资源丰富。随着资金和科研人员投入的增加，在这一领域实现跨越式发展、取得突破性成就的可能性正在逐渐变成现实。

2010 年 9 月，“深海奇珍”展在浙江省科技馆开幕。展览包括大、中、小型深海生物标本，还有高清晰度的深海生物照片，展出的最深处的生物来自海平面 4000 米以下区域。

海底的“山河”

水下山脉和中央海脊是地球上最为神秘的地方之一。两亿五千万年前，当泛古陆分裂成七块大陆的时候，陆地板块的延伸撕裂了地球地壳的裂隙，形成了分开的峡谷，这些峡谷被海水所填满。但是在水下，火山依旧喷发，滚滚岩浆形成了玄武岩的山脉。时至今日，那些山脉在大西洋海底曲折蜿蜒，又穿过了南太平洋，延伸到了更低的印度洋，这些山脉是地球的“缝合线”。它们组成了地球上最长的山脉，足足有 50000 英里（1 英里≈ 1.61 千米），尚未被人类探索。

海洋的面积比陆地的面积大 3 倍。平原、峡谷、山脉、沙子和岩浆，人类在陆地上看到的东西，海洋中都有，人类在陆地上看不到的东西，海洋中也有。可以说，人类对海底的探索还是刚刚开始，所以，谁也不敢说海洋里的矿产资源比陆地的矿产资源少。

海洋矿产资源，包括海滨、浅海、深海、大洋盆地和洋中脊底部的各类矿产资源。目前，人们已探明的海洋矿产资源已经非常丰富，包括海洋石油天然气、天然气水合物、滨海矿砂、多金属结核、富钴结壳和热液硫化物等，总量已经超过陆地上矿产资源。已探明的资源主要有砂金、砂铂、金刚石、砂锡、砂铁矿，以及钛铁石、锆石、金红石、独居石、磷灰石、海绿石、重晶石、锰结核矿、油气资源等。

据估计，全世界含油气远景的海洋沉积盆地约 7800 万千米，大体与陆地相当。世界水深 300 米以内海底潜在的石油、天然气总储量为2356亿吨。世界近海海底已探明的石油可采储量为220亿吨，天然气储量 181.46 万亿立方米，分别占世界储量的 24% 和 23%。

中国近海水深小于 200 米的大陆架面积有 100 多万平方千米，其中含油气远景的沉积盆地有 7 个，它们分别是渤海、南黄海、东海、台湾、珠江口、莺歌海及北部湾盆地。

摄影师拍摄海底火山熔岩洞

石油和天然气

中国近海大陆架面积130多万平方千米，其中大陆架海区含石油天然气盆地面积近70万平方千米，约有300个可供勘探的沉积盆地，大中型新生代沉积盆地共18个，其中有大型含石油天然气盆地10个，它们是渤海盆地、北黄海盆地、南黄海盆地、东海盆地、台湾西部盆地、南海珠江121盆地、琼东南盆地、北部湾盆地、莺歌海盆地和台湾浅滩盆地。已探明的各种类型的储油构造400余个，中国共计有海上石油天然气田32个，其中渤海16个、东海1个、南海15个。此外，在中国近海还发现了冲绳、台西、万安滩北、中建岛西、巴拉望西北、礼乐太平、曾母暗沙等含石油天然气的沉积盆地。

海洋石油资源量246亿吨，占中国石油资源总量的23%，海洋天然气资源量15.79万亿立方米，占中国天然气资源总量的30%，

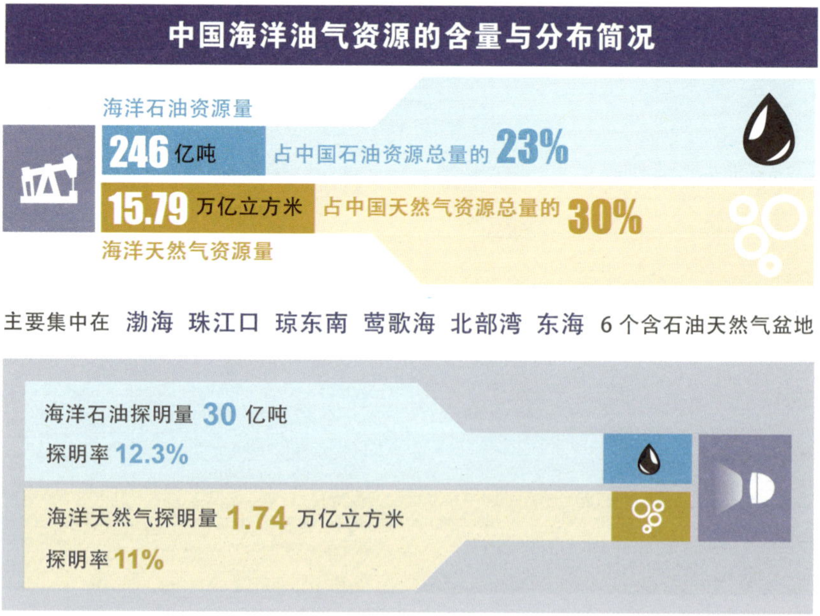

主要集中在渤海、珠江口、琼东南、莺歌海、北部湾和东海 6 个含石油天然气盆地。目前海洋石油探明量只有 30 亿吨，探明率只有 12.3%，海洋天然气探明量 1.74 万亿立方米，探明率只有 11%，远低于世界平均探明率水平，海洋资源勘探开发潜力巨大。

天然气水合物

天然气水合物是指天然气与水在高压低温条件下形成的类冰状的结晶物质。因其外观像冰且遇火即可燃烧，故称“可燃冰”。天然气水合物分布于深海沉积物或陆域永久冻土中，是一种新型高效能源。

1999 年，中国开始启动天然气水合物的海上勘察工作。在南海北部陆坡西沙海槽、神狐、东沙及琼东南等四个海域，有重点、分层次地开展了天然气水合物资源调查与评价工作，发现了南海北部陆坡天然气水合物有利区，圈定了南海北部陆坡天然气水合物远景最有利的目标区。2007 年中国在南海陆坡圈定 11 个天然气水合物资源远景区，资源量 185 亿多吨油当量，远景资源量 680 亿吨油当量。

可燃冰

滨海砂矿

滨海砂矿，是指在滨海水动力的分选作用下富集而成的有用砂矿，具有规模大、品位高、埋藏浅、沉积疏松、易采易选的特点，主要包括金刚石、金、铂、锡石、铬铁矿、铁砂矿、锆石、钛铁矿、金红石、独居石等。

中国入海河流携带的含矿物质多，东部地区因受多次地壳运动，岩浆活动频繁，形成了丰富的金属和非金属矿藏。这些含矿岩石风化后的碎屑物就近入海，在海流、潮流作用下，在海岸带沉积形成矿种多、资源丰富的砂矿带。

中国近岸滨海矿种多达 65 种，各类砂矿床 191 个，其中多数为非金属砂矿。已探明具有工业储量的有钛铁矿、金红石、锆石、磷钇矿、独居石、磁铁矿、砂锡矿、铬铁矿等 13 个，主要分布在辽东半岛、山东半岛、福建、广东、海南和广西沿海。河北、江苏、浙江三省虽有少量矿点和异常区，但因品位低，均未形成工业矿床。

就工业矿种而言，独居石、磷钇矿、钛铁矿、金红石、锡石、铌钽矿主要分布在广东、广西和海南三省区；锆石、石英砂、砾石遍布于沿海各省；砂金分布在辽宁、山东、台湾三省；金刚石则见于辽宁省。

国际海底区域矿产资源

根据《联合国海洋法公约》，国际海底区域（简称“区域”）是指国家管辖范围以外的海床和洋底及其底土。“区域”矿产资源一般是指区域内在海床及其下原来位置的一切固体、液体或气体矿物资源，主要包括多金属结核、富钴结壳、多金属硫化物等。国家管辖范围以外的海床和洋底及其底土以及该区域的资源为人类的共同继承财产，其勘探与开发应为全人类的利益而进行。依据《联合国海洋法公约》，国际海底管理局代表全人类管理“区域”资源。国际海底管理局制定了《“区域”内多金属结核探矿和勘探规章》《“区域”内多金属硫化物探矿和勘探规章》《“区域”内富钴结壳探矿和勘探规章》等，对“区域”内相关活动进行管理。

多金属结核

多金属结核，又称锰结核，是深海矿产资源的一种形式，它是由铁、锰的氧化物以及淤泥矿物的自然积聚形成。多金属结核广泛

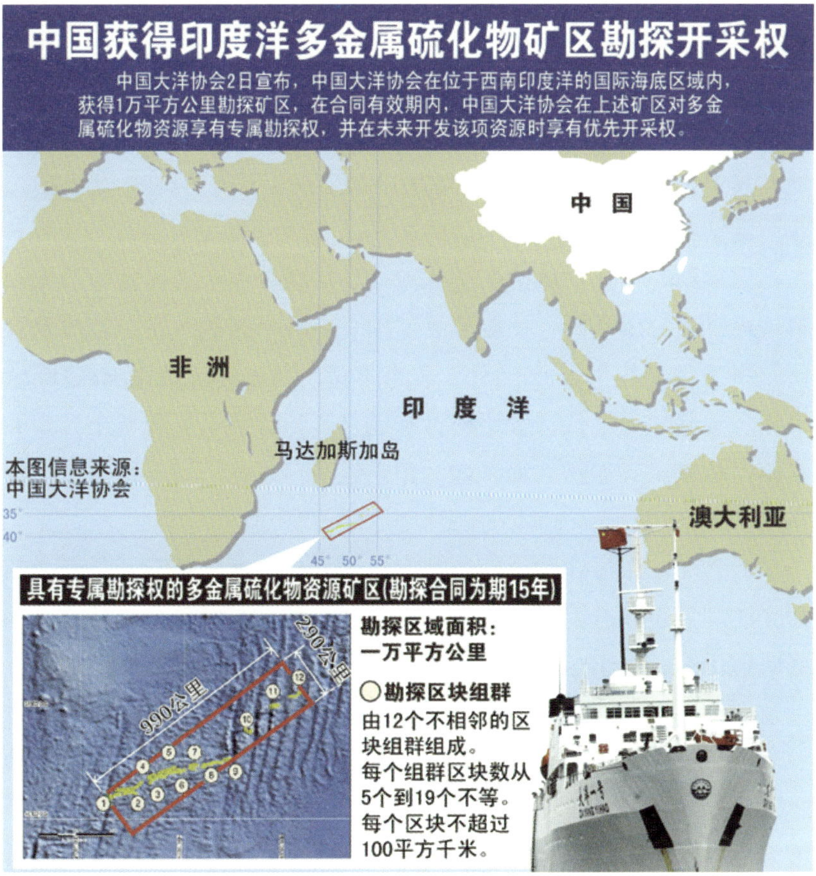

2011 年，国际海底管理局理事会核准了中国大洋协会提出的多金属硫化物矿区申请，中国在印度洋获 1 万平方千米金属硫化物资源矿区。

分布于水深 4000—6000 米的海底，含有 70 多种元素，资源总量为 3 万亿吨，有商业开采潜力的多金属结核资源量达 750 亿吨。

太平洋是多金属结核分布最广泛、经济价值最高的地区。太平洋的多金属结核呈带状分布，主要分布在东北太平洋海盆、中太平洋海盆、南太平洋海盆、东南太平洋海盆。其中，东北太平洋克拉里昂—克利珀顿断裂区、东南太平洋秘鲁海盆和北印度洋中心是多金属结核经济价值最高的地区。

2001 年，中国大洋协会与国际海底管理局签订了东北太平洋多金属结核勘探合同，取得位于东太平洋中部克拉里昂—克利珀顿断裂带海域 7.5 万平方千米矿区的专属勘探权，并且在多金属结核进入商业开采时具有优先开发权。矿区内约有 4.2 亿吨干结核资源量，其中含 11175 万吨锰、406 万吨铜、514 万吨镍、98 万吨钴。

富钴结壳

富钴结壳氧化矿床遍布全球海洋，广泛分布于大洋盆地的海山斜坡或平顶海山顶部，一般形成于 400—4000 米的水下，较厚及含钴较多的结壳位于 800—2500 米的洋底，潜在资源量达 10 亿吨金属钴。富钴结壳不仅富含金属钴，还是其他许多金属和稀土元素的重要潜在来源，如钛、铈、镍、铂、锰、磷、铊、碲、锆、钨、铋和钼。

太平洋、印度洋和大西洋是富钴结壳聚集区，最具开采潜力的结壳矿址位于赤道附近的中太平洋地区，尤其是约翰斯顿岛和美国夏威夷群岛、马绍尔群岛、密克罗尼西亚联邦周围的专属经济区，以及中太平洋国际海底区域。

中国对富钴结壳的调查起步较晚，1987 年“海洋 4 号”首次获得富钴结壳样品，1997 年以来，中国在中、西太平洋进行了多次富钴结壳战略性探查。2012 年 7 月，国际海底管理局审议通过了《“区域”内富钴结壳探矿与勘探规章》。中国随后向国际海底管理局递交在西北太平洋国际海底区域一块面积为 3000 平方千米的富钴结壳矿区勘探申请，并于 2013 年 7 月 19 日获得国际海底管理局理事会核准，这是中国在获取国际海底潜在战略资源勘探权方面迈出的实质性步伐。

热液硫化物

热液硫化物，又称多金属硫化物，是继多金属结核、富钴结壳后的另一种新的海底重金属矿产资源。多金属硫化物富含锌、铅、金、银等多种元素，是海水渗入地层空间，被地壳下熔岩加热后，从“黑烟囱”里排出的。这种热液的温度高达 400℃，当热液从海底地层排出，与周围的冷海水混合时，水中的金属硫化物沉淀到“烟囱”及附近海底表地层，形成硫化矿物质。多金属硫化物矿床主要出现在海底构造活动的部位，即大洋中脊、弧后盆地和板内火山。已探明的热液矿化点 100 多个，其中包括 25 处有高温“黑烟囱”喷口，主要分布在太平洋、大西洋及红海，资源总量初步估计可达 4 亿吨。

海底多金属硫化物资源的开发仅处于勘探阶段，但鉴于多金属硫化物等海底矿产资源的探矿和勘探活动对海洋环境会造成的影

中国“大洋一号”科学考察船从深海采集的玄武岩标本。

响，更考虑到国家管辖范围以外的海床和洋底及其底土及该区域资源为人类的共同继承财产，2010 年 4 月至 5 月，国际海底管理局在牙买加金斯敦召开的第 16 届理事会上通过了《“区域”内多金属硫化物探矿和勘探规章》，对多金属硫化物的探矿和勘探活动进行了详细规定。

热液硫化物具有巨大的潜在经济价值和良好的开发前景。中国“大洋一号”在太平洋和印度洋发现了多处具有商业开采价值的多金属硫化物矿区。2011 年 7 月，国际海底管理局理事会核准了中国大洋协会提交的西南印度洋多金属硫化物勘探区申请，中国获得了面积约 1 万平方千米的具有专属勘探权和优先开采权的海底矿区。

西南印度洋热液硫化物矿区

西南印度洋热液硫化物合同区位于西南印度洋洋脊，限定在长度 990 千米、宽度 290 千米的长方形范围内，勘探合同为期 15 年。自合同签署后 10 年内，中国将完成勘探区面积 75% 的区域放弃，保留 2500 平方千米区域作为享有优先开采权的矿区。

宝贵的近海空间

海洋不仅为人类提供航运、捕捞、养殖空间，而且还提供了人类发展所需的海上城市、海上工厂、海上娱乐场所、海底隧道和海底仓库等新兴海洋工程的建设空间。海洋为未来人类发展提供了广阔的空间。海洋空间资源是指与海洋开发利用有关的海岸、海上、海中和海底地理区域的总称，典型的海洋空间利用方式包括围填海造地、海水养殖、建设港口码头、设立航道、建设海上度假休闲娱乐设施和仓储基地等。

吊机如林的宁波港国际集装箱码头

150 多个海港

中国现有沿海港口 150 余个（含长江南京及以下港口），主要分布在渤海、长江三角洲、东南沿海、珠江三角洲和西南沿海地区的 5 个港口群。(1) 环渤海地区港口群由辽宁、天津、河北和山东沿海港口群组成，服务于中国北方沿海和内陆地区的社会经济发展。(2) 长江三角洲地区港口群依托上海国际航运中心，以上海、宁波、连云港为主，服务于长江三角洲及长江沿线地区的经济社会发展。(3) 东南沿海地区港口群以厦门、福州港为主，包括泉州、莆田、漳州等港口，服务于福建省和江西等内陆省份部分地区的经济社会发展和对台“三通”的需要。(4) 珠江三角洲地区港口群由粤东和珠江三角洲地区港口组成，以广州、深圳、珠海、汕头港为主，服务于华南、西南部分地区，加强广东省和内陆地区与港澳地区的交

货物吞吐量超过亿吨的沿海港口（单位：亿吨）

港口	货物吞吐量	港口	货物吞吐量
宁波—舟山港	7.44	深圳港	2.28
上海港	6.37	烟台港	2.03
天津港	4.77	北部湾港	1.74
广州港	4.35	连云港港	1.74
青岛港	4.07	厦门港	1.72
大连港	3.74	湛江港	1.71
唐山港	3.65	黄烨港	1.26
营口港	3.01	福州港	1.14
日照港	2.81	泉州港	1.04
秦皇岛港	2.71		

集装箱吞吐量超过 100 万 TEU 的沿海港口（单位：万 TEU）			
港口	集装箱吞吐量	港口	集装箱吞吐量
上海港	3252.94	营口港	485.10
深圳港	2294.13	烟台港	185.05
宁波—舟山港	1617.48	福州港	182.50
广州港	1454.74	日照港	174.92
青岛港	1450.27	泉州港	169.70
天津港	1230.31	丹东港	125.05
大连港	806.43	汕头港	125.02
厦门港	720.17	虎门港	110.36
连云港港	502.01	海口港	100.01

流。（5）西南沿海地区港口群由粤西、广西沿海和海南省的港口组成。该地区港口的布局以湛江、防城、海口港为主，相应发展北海、钦州、洋浦、八所、三亚等港口，服务于西部地区开发，为海南省扩大与岛外的物资交流提供运输保障。

中国沿海港口万吨以上泊位 1517 个，全年完成旅客吞吐量 1.15 亿人次，货物吞吐量 68.8 亿吨，货物吞吐量超过亿吨的沿海港口 19 个。完成集装箱吞吐量的 1.58 亿标准箱（TEU，twenty-foot equivalent unit 的缩写），集装箱吞吐量超过 100 万 TEU 的沿海港口达到 18 个。

160 多处较大海湾

中国大陆濒临渤海、黄海、东海、南海以及台湾以东海域，拥有大于 10 平方千米的海湾 160 多个，大中河口 10 多个。其中，最主要的有渤海的渤海湾、辽东湾、莱州湾，东海的杭州湾，以及南海的北部湾等。

渤海湾是渤海西部的浅水海湾，三面环陆，与河北、天津、山东的陆岸相邻，东以滦河口至黄河口的连线为界与渤海相通。面积1.59万平方千米，约占渤海的1/5。海底地势由岸向湾中缓慢加深，平均水深12.5米。

辽东湾是中国纬度最高的海湾，位于渤海北部，在长兴岛与秦皇岛连线以北，为地堑型凹陷。湾底地形自顶端及东西两侧向中央倾斜，东侧深于西侧，最大水深32米。

莱州湾位于渤海南部，是受郯（城）—庐（江）大断裂带控制、由断块凹陷而形成的海湾。湾口东起龙口的屺角，西至老黄河口。由于河流泥沙堆积，水深一般不超过10米。

中国的主要海湾

海湾名称	所属省份	所属海域
辽东湾	辽宁	渤海
渤海湾	天津、河北	渤海
莱州湾	山东	渤海
胶州湾	山东	黄海
海州湾	山东、江苏	黄海
杭州湾	浙江	东海
北部湾	广西	南海
兴化湾	福建	东海
三沙湾	福建	东海
大亚湾	广东	南海

杭州湾是典型的喇叭形海湾，西起澉浦—西三闸断面，东至扬子角—镇海角连线。湾口宽达 100 千米，自口外向口内渐狭，到澉浦仅为 20 千米。杭州湾北岸为长江三角洲南缘，沿岸深槽发育；南岸为宁绍平原，沿岸滩地宽广。

北部湾位于中国南海海域北部，东起雷州半岛、琼州海峡，东南为海南岛，北至广西，西迄越南。面积约 44238 平方千米。水深一般 20—50 米，最深不超过 90 米。

7300 多个 500 平方米以上的海岛

中国海岛众多，面积大于 500 平方米的海岛 7300 多个，海岛陆域总面积近 8 万平方千米，海岛岸线总长 14000 多千米。岛陆生物资源的种类比较丰富，近岸岛上有植物约 2000 种，其中有 1000 种以上有药用价值，但资源量较小，能形成一定数量和规模的仅有 200 种左右。海岛上的动物以鸟类最多，估计有 400 种左右，其中 80% 是候鸟或旅鸟。在福建以南，特别是海南岛屿周围有丰富的红树林和珊瑚礁资源。

中国海岛人口总量少，分布集中。全国现有 2 个海岛市，14 个海岛县（市、区），191 个海岛乡（镇）。2007 年全国海岛人口约 547 万人（不包括港、澳、台和海南岛），其中 98.5% 居住在上述市县乡中心岛上。海岛经济总量小，结构单一，海洋渔业产值占海岛地区生产总值的比重普遍较大。无居民海岛使用类型多样。全国已经利用的无居民海岛 1900 多个，其中，特殊用途海岛 1020 个，公共服务用岛 365 个，旅游娱乐用岛 73 个，农林牧渔业用岛 340 个，工业、仓储、交通运输用岛 49 个，可再生能源、城乡建设等其他用岛 80 多个。海洋岛屿及其周边海域生物资源比较丰富，种类繁多。海岛潮间带及近岛海域宽阔，是多种鱼、虾、贝、藻的产卵、育仔、

中国佛教四大名山之一——浙江普陀山，与山西五台山、四川峨眉山、安徽九华山并称为中国佛教四大名山。普陀山是舟山群岛 1390 个岛屿中的一个小岛，形似苍龙卧海，素有“海天佛国”“南海圣境”之称。

索饵场和栖息所在地，有着大量可供食用、药物和宜于养殖的经济水产生物资源。

2012 年 4 月，《全国海岛保护规划》（2011—2020 年）正式公布实施，这是中国在推进海岛事业发展方面的重大举措。同时，中国还公布了首批 176 个可以开发利用的无居民海岛名录，涉及辽宁、山东、江苏、浙江、福建、广东、广西、海南等 8 个省区。其中，辽宁 11 个、山东 5 个、江苏 2 个、浙江 31 个、福建 50 个、广东 60 个、广西 11 个、海南 6 个。根据《无居民海岛使用金征收使用管理办法》规定，无居民海岛使用权可以通过申请审批以及招标、拍卖、挂牌的方式出让。

100 多处优美的滨海沙滩

中国海滨旅游景点大约有 1500 多处，自然景观优美的滨海沙滩 100 多处。全国有典型海洋生态系统、珍稀濒危海洋生物、海洋自然历史遗迹及自然景观等各类海洋保护区 210 多处，其中国家级海洋自然保护区 32 处，国家级海洋特别保护区 17 处，涉及海岛的海洋保护区 57 个。

中国海洋旅游以沿海城市发展为依托，形成了环渤海、长三角、珠三角和海南岛四大滨海旅游带。环渤海滨海旅游带以大连、秦皇岛、青岛为中心，是中国北方海滨的代表。长三角滨海旅游带以上海为中心，辅以连云港、宁波、杭州、南京、苏州等旅游名城，共同构成陆海相连、人文景观和自然景观相融的滨海旅游带。珠江三角洲地区是中国经济最发达的地区之一，形成以香港、澳门、广州、深圳、珠海、汕头、湛江、北海等城市为依托的旅游带。海南岛是中国最著名的滨海旅游区，拥有堪称世界级的热带滨海旅游资源。海南省正在努力将其建设成为国际旅游岛，对海岛旅游资源的开发步伐明显加快。

海南省三亚市大东海海湾海滨风光，椰子树，沙滩，人们在海边游玩、休息。

13 亿人的宝贵财富
——中国的海洋资源利用

初步探明的全球海洋可开发资源

海洋生物资源 23 万种

重要的捕捞对象 800 多种

其中鱼类 1.9 万种

可捕捞量 2—3 亿吨

全球海洋石油可采储量 约 1350 亿吨

天然气 约 140 万亿方

全球 98% 的天然气水合物储藏在海洋中

其含碳量相当于全球化石燃料的两倍

海洋可再生能源 约 70 多亿千瓦

是目前全世界发电能力的十几倍

海洋中的水资源占全球的 97.3%

海水资源是无限性资源

中国是一个陆海兼备的大国，管辖海域辽阔，海岸带和海洋资源丰富。目前可开发利用的主要海洋资源有海洋生物资源、矿产资源、海水资源、海洋空间资源和海洋可再生能源等。海洋资源开发形成了 10 多个海洋产业，这些产业所创造的海洋产业增加值占中国国内生产总值的 10% 左右，海洋资源开发活动还提供了 3300 多万个就业机会。

海水养殖总量世界第一

海洋捕捞和海水养殖是海洋生物资源的重要开发形式，为沿海地区和内陆提供海水产品，是保障人类所需动物蛋白的重要来源。2012 年，中国海水产品产量 3033 万吨，占中国水产品总产量的 51.3%，同比增长 4.31%。

20 世纪后期，中国近海渔业资源捕捞增长较快，1995 年捕捞量已超过 1000 万吨，居世界首位。但自 1999 年后，中国实施近海捕捞“零增长”战略，近海渔业资源捕捞量基本维持年捕捞量 1300 万吨左右。中国加强对渔船船网工具数量和功率的控制，强化捕捞许可制度，积极引导近海捕捞生产结构调整，进一步减少拖网、帆张网等对资源影响较大的作业方式，近海渔业捕捞业生产结构日趋合理。有序开发近海中上层鱼类资源、较好地利用底层虾类资源，捕捞产品结构逐步优化。同时中国加快沿海渔民转产转业工作推进，通过实施转产转业工程，切实提高渔民的再就业能力。

说起补品，人们一定会想到东北的海参，尤其是大连的海参，干的、鲜的、粉状的、制成胶囊的，等等，全国各地的各种市场，甚至是商场里几乎都有推销它们的柜台。但是野生的海参是很少的，绝大部分的海参是人工养殖的。

中国是世界海水养殖产量最大的国家。2012 年，近海海水养殖 1643.8 万吨，其中，鱼类产量 102.84 万吨，甲壳类产量 124.96 万吨，贝类产量 1208.44 万吨，藻类产量 176.47 万吨。近海海水

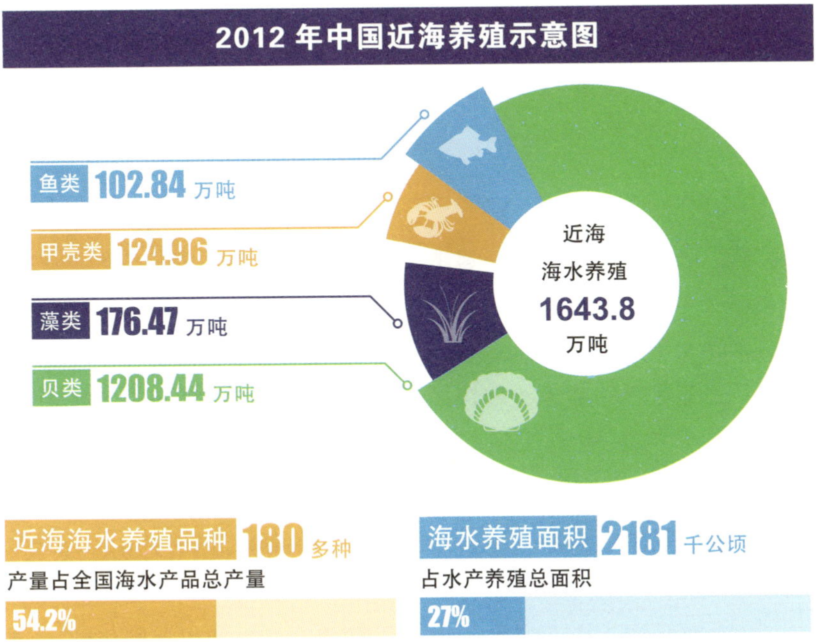

养殖品种达到180多种，产量占全国海水产品总产量的54.2%。海水养殖面积达2181千公顷，占水产养殖总面积的27%。其中，辽宁、浙江、福建、山东、广东、江苏、广西等沿海7个省区的养殖渔业资源占中国的70%。随着优势养殖区域发展规划的贯彻落实，形成了南美白对虾、烤鳗、鱿鱼、罗非鱼、小龙虾、鱼糜等加工优势区。

中国海水养殖空间不断拓展。从传统的池塘养殖、滩涂养殖、近岸养殖向离岸养殖业发展。海水养殖设施与装备水产不断提高。工厂化和网箱养殖业持续发展，机械化和自动化程度明显提高。产业化水平不断提高。海水养殖业的社会化和组织化程度明显增强，目前已形成集良种培养、苗种繁育、饲料生产、机械配套、标准化养殖、产品加工与运销等为一体的产业群。

海水产品加工业门类较为齐全

中国海水产品加工业的快速发展，使海水产品加工能力不断壮大。到 2011 年，海水产品加工总量达到 1478 万吨，占水产品加工总量的 82.7%。通过不断改进加工技术，中国已经形成海水产品冷冻冷藏、腌制、烟熏、鱼粉、海藻食品、海洋药物等几十个产业门类，形成了一批海水产品行业上市企业和知名加工企业。

海水产品加工企业多数聚集在原料产地，这使得原料供给、储藏、运输成本优化。辽宁大连，山东青岛、烟台、威海和日照，浙江舟山、宁波、温州和台州，福建福州、厦门、漳州和宁德，广东湛江、汕头和潮州，江苏盐城和南通，广西的北海等地区的加工区域优势凸显，国家、地方政府扶植政策向优势区域倾斜，使海水产加工行业呈现原料优势集聚布局，产业呈现出了集群发展的态势。

四大海洋生物技术和药物研究中心

目前，世界已知药用海洋生物约有 1000 多种，分离得到的天然产物数百个，制成单方药物十余种，复方中成药近 2000 种。此外，在海洋生物体中还发现了 10000 多种具有新型结构的化合物，其中 200 多种已申请了专利。

自 1985 年中国第一个海洋药物藻酸双酯钠问世以来，海洋生物医药的研发在中国已经取得了丰硕的成果，开发了一批针对严重危害人类健康的重大疾病的海洋药物，有力地促进中国海洋医药产业更快发展。

2011 年，中国海洋生物医药产业增加值达 172 亿元。海洋生物医药研究逐步走向规范化，形成了以上海、青岛、厦门、广州为中心的 4 个海洋生物技术和海洋药物研究中心。沿海地区从事海洋天然药物研究的机构多达数十家。山东、广东、江苏、福建等海洋大省纷纷加大了对海洋生物医药产业的投入，将海洋生物医药业作为蓝色经济的主要增长点加速推动。

“走出去”“请进来”开发油气资源

近年来，中国海洋石油天然气资源勘探开发步伐加快，石油天然气资源业快速发展。2012 年，国内外海上共钻井 1376 口，完井 1055 口。全年生产原油 5186 万吨，天然气 164 亿立方米，煤层气 4.7 亿立方米。国内生产原油 3857 万吨，天然气 113 亿立方米，占中国石油天然气年产量的近 20%，实现了国内年产石油天然气 5000 万吨油当量。全年加工原油 3008 万吨，生产成品油 779 万吨。

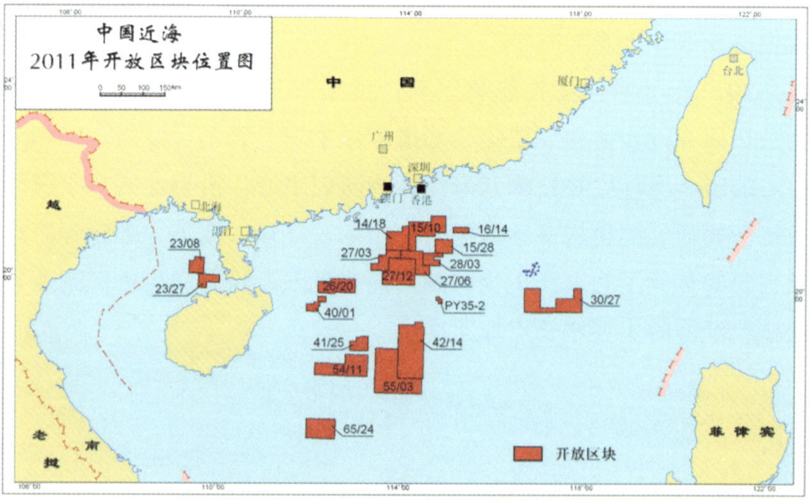

中国近海 2011 年开放区块位置图

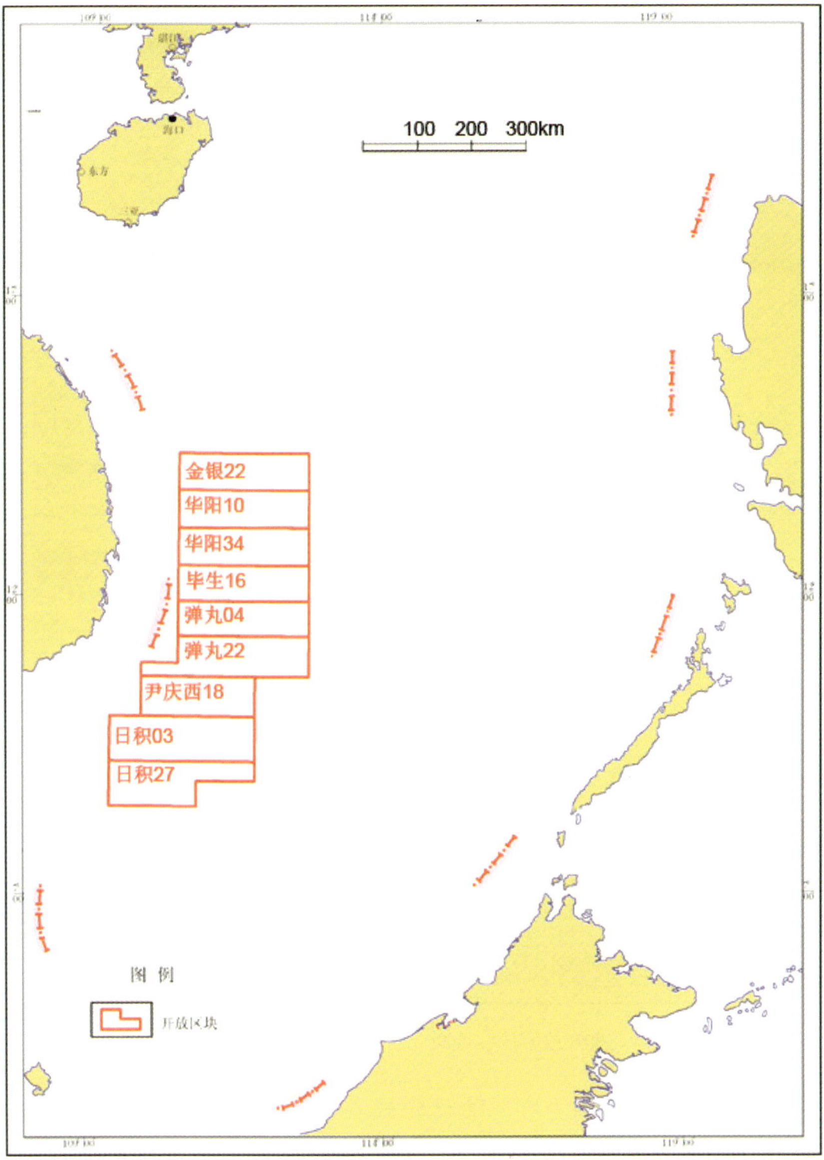

中国海域2012年第一批开放区块位置图

中国海洋石油天然气开采主要集中在渤海、东海、南海等内海及近海浅水区。近年来，中国在实施“走出去”战略的同时，通过“请

中国海域 2012 年第二批开放区块位置图

进来”加大对外合作力度，陆续公布了一批深海石油天然气资源开发招标开发区块。2011 年 5 月，中国在南海北部及北部湾海域推出 19 个石油天然气招标区块，总面积为 52006 平方千米。2012 年 6 月和 8 月，中国分别在南海海域推出 9 个和 26 个石油天然气招标区，总面积达 233878 平方千米，全年共签订 7 个石油合同，对外合作取得新成效。

海水利用的综合化、产业化

海水中有 80 种天然元素，含量较高的有氧、氢、氯、钠、镁、硫、钙和钾。海水制盐、卤水综合利用、海水制镁、海水制溴、海水提钾、海水提碘、海水提铀等，在很大程度上可以弥补陆域资源的不足。

中国的海水利用尤其是沿海严重缺水城市的海水利用，正在朝着资源化、产业化方向发展。在现代技术经济条件下，工业用水、生活用水、耐盐植物灌溉用水，都可以直接利用海水，通过淡化的方法，还可以解决部分饮用水。加强对海水资源的开发利用，是解决沿海地区淡水危机和水资源短缺问题的重要措施。

盐城新能源淡化海水示范项目施工现场，技术人员在讨论安装设备。

海盐资源

中国海盐产量居世界第一。2011 年全国海洋盐业总产值 76.8 亿元，占全国海洋产业总产值的 0.4%；中国海盐产量达 3322 万吨，其中山东省产量最高，为 2273 万吨，约占全国总产量的 70%。

中国的三大海盐场

长芦盐场主要分布于河北省和天津市的渤海沿岸，南起黄骅，北到山海关南，包括塘沽、汉沽、大沽、南堡、大清河等盐田在内，全长 370 千米，共有盐田 230 多万亩，年产海盐 300 多万吨。其中以塘沽盐田规模最大，年产盐 119 万吨。

布袋盐场是台湾省最大的盐场。布袋盐场在台湾岛西南沿海，每年生产 60 多万吨食盐，被人们誉为“东南盐仓”。

莺歌海盐场位于乐东西南海滨，是海南岛最大的海盐场，在华南地区也是首屈一指。莺歌海盐场建于 1958 年，总面积 3793 公顷，年生产能力 25 万吨。

海水淡化

海水淡化是指除去海水中的盐分以获得淡水的工艺过程，是实现水资源开源增量的技术。海水淡化可以增加淡水总量，且不受时空和气候影响，水质好、价格渐趋合理，可以保障沿海居民饮用水和工业锅炉补水等稳定供水。

从 20 世纪 90 年代开始，随着中国水资源短缺形势日益严重，海水淡化进入了大发展期，逐渐走向规模化应用。中国海水利用经过 40 余年发展，海水淡化技术主体工艺已经相对成熟，并且已经单元化、模块化。

中国已建和在建海水淡化工程累计约 60 万吨 / 日。已建成的产业化示范工程项目有 5000 吨 / 日反渗透海水淡化工程、3000 吨 / 日

山东大唐黄岛发电公司的海水淡化生产车间，工作人员在监测淡化水质量。

低温多效蒸馏海水淡化工程、1.25 万吨 / 日低温多效海水淡化工程项目。通过引进国外先进技术，进行消化、吸收和创新，成功设计制造出 3000 吨 / 日、4000 吨 / 日低温多效海水淡化成套装置。

海水直接利用

海水直接利用是指用海水代替淡水作为工业、农业、商业和城市生活用水，缓解沿海地区淡水资源短缺的矛盾。工业用水主要是冷却用水。农业用水则是指在沿海地区发展可以用海水直接灌溉的农业生产以及海水养殖业等。城市生活用水主要包括冲厕、消防等。海水直接利用是直接采用海水替代淡水的开源节流技术，具有替代节约淡水资源大的特点，有利于促进水资源结构的优化。

中国海水直接利用量超过 600 亿立方米，主要用于工业冷却和城市生活用水，已成为沿海地区水资源的重要来源。海水利用虽然在海洋经济总量中所占比重十分微弱，但是其真正的意义不能只用产业产值来衡量，而在于海水利用解决的是增加水资源量，在对其他产业的支撑、保障用水安全等方面具有长远意义和战略意义。

中国沿海城市直接利用海水作为工业冷却水已有60余年的历史。滨海电厂以及大连、青岛、天津、上海等城市的石油化工企业，在炼油、化纤、制碱、制酸、合成氨、油脂化学、染料等工业生产过程中都大量用海水作为冷却水，取得了巨大的社会效益和经济效益。

城市生活用水就是将海水作为城市生活用水。把海水作为生活用水，可节约35%左右的城市生活用水，具有重要的社会效益和经济效益，应用前景广阔。中国香港特别行政区利用海水作为居民冲厕用水已有近50年的历史，形成了一套完整的处理系统和管理体系。目前香港有76%的人口采用海水冲厕，年用水量达2亿立方米，约占全港日均耗水量的18%。

海水灌溉就是利用海水浇灌进行作物生产。滩涂大面积种植耐海水作物，可促淤造陆、减缓海水对海岸土地的侵蚀。同时，在一定程度上可减轻工业和养殖业对沿海滩涂和近海造成的污染，减轻温室效应，改善生态环境。目前，毕氏海蓬子耐海水经济作物正逐步在中国沿海地区推广。

海洋可再生能源利用

海洋可再生能源包括海洋潮汐能资源、海洋波浪能资源、海流能资源、海洋盐差能资源、海洋温差能资源、海洋风能资源等。海洋可再生能源的利用具有污染轻、占地少、减少石化燃料消耗压力等优点，并且还具有综合利用价值，例如在风力发电的场所可同时发展海洋牧场和沿海旅游。

潮汐能

中国近岸潮汐能蕴藏量19286万千瓦（除台湾外），技术可开发量2283万千瓦。中国沿岸的潮汐能资源主要集中在东海沿岸，

亚洲第一大潮汐能电站——浙江温岭江厦潮汐能试验电站

又以福建、浙江两省沿岸最多。从能量密度和港湾的地质条件看，中国的潮汐能资源开发条件以福建、浙江沿岸最好，其次是辽东半岛南岸东侧、山东半岛南岸北侧和广西东部等岸段。这些地区潮差较大，为基岩港湾海岸，海岸曲折多海湾，具有潮汐电站建设的良好条件。

潮汐能是中国海洋可再生能源开发利用技术中最为成熟的，具有电站长期运行、管理和维护的经验。中国潮汐电站总装机容量为6000千瓦，居世界第三，已运行了30多年的温岭江厦潮汐试验电站装机规模居世界第四。目前中国仍有多座潮汐电站在建，其中浙江省健跳港潮汐能电站规划装机容量为2万千瓦。

波浪能

波浪能是海洋能源中能量最不稳定的一种能源。波浪能是由风把能量传递给海洋而产生的，它实质上是吸收了风能而形成的。

中国近海波浪能蕴藏量1600万千瓦，技术可开发量1471万千瓦，近岸海域波浪能功率密度相对较低，但中国海域面积广阔，可开发利用海域较多。中国沿岸波浪能资源地域分布很不均匀，以台湾省沿岸最高；浙江、广东、福建、山东沿岸次之；广西沿岸最低。外围岛屿沿岸波浪能功率密度高于近海岛屿沿岸，近海岛屿沿岸波浪能高于大陆沿岸，渤海海峡、台湾南北两端和西沙群岛地区等沿岸波浪能功率密度较高。

潮流能

中国近海潮流能蕴藏量833万千瓦，技术可开发量166万千瓦。中国沿岸的潮流能资源分布不均，以浙江沿岸最多，占全国总量的40%以上。各海区以东海沿岸最多，约占全国总量的80%，黄海

连云港海州湾潮流能发电基地

沿岸次之，南海沿岸最少。杭州湾和舟山群岛海域是全国潮流能功率密度最高的海域。此外渤海海峡北部的老铁山、福建三都澳三都角、台湾澎湖列岛渔翁岛海域潮流能功率也较高。

海上风能

海上风能是清洁的可再生能源，主要用于海上发电，为海岛、海上石油天然气田的生活、生产等提供电力。

中国是季风气候最显著的国家之一，季风影响范围大、强度大，海上风能资源丰富，具有风电开发利用的良好市场和巨大资源潜力。近岸海上风能蕴藏量 88300 万千瓦，技术可开发量 57034 万千瓦。中国海上风能主要分布在福建、江苏和山东。

2007 年，渤海辽东湾的绥中 36-1 油田海上风力发电站并网发电，标志着中国海上风能的开发已进入实质性启动阶段。此电站

上海东海大桥 100 兆瓦海上风电示范项目

中国近海风能资源示意图

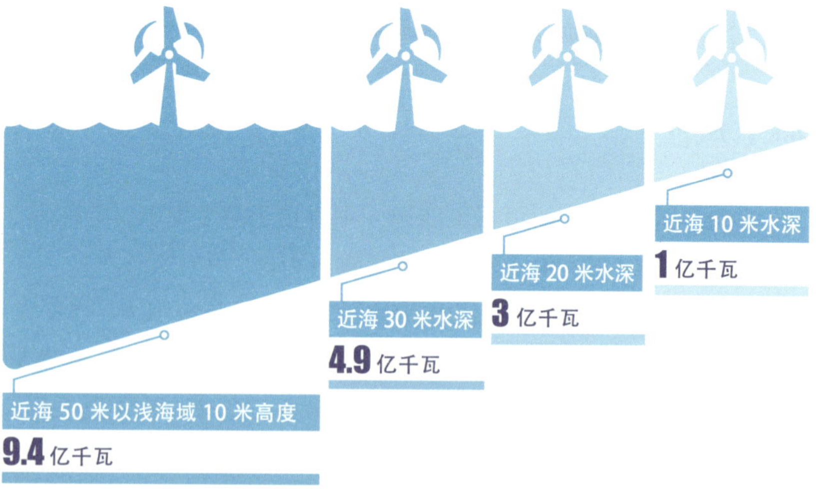

由中国自主设计、建造安装，满发时最大功率输出为1500千瓦。2012年，江苏如东15万千瓦海上风电场示范工程全部机组并网发电，是目前亚洲最大的海上风力发电站。

温差能

中国近海温差能蕴藏量36713万千瓦，技术可开发量2570万千瓦。东海、黄海、南海的平均水温都比较高，特别是南海夏季平均可达36℃以上，且大部分地区水深在1000米以上，自表层向下500—1000米即可得到5℃的冷水，具有利用海水温差发电的有利条件和广阔前景。南海由于纬度低、水深、海域广阔等原因，温差能资源丰富，占总温差能的90%以上。东海以及台湾以东海域同样蕴藏着丰富的温差能资源。

盐差能

盐差能资源储量取决于入海的淡水量和海水的盐度与入海水量分布相同的不均匀性。中国近海盐差能缊藏量11309万千瓦，技术可开发量1131万千瓦。海洋盐差能主要分布在长江口及其以南大江河入海口沿岸，长江口沿岸可开发装机容量占全国总量的60%以上；珠江口约占全国总量的20%。盐差能功率季节变化剧烈，年际变化明显，沿海江河入海淡水流量的变化特点决定了盐差能功率具有剧烈的季节变化和显著的年际变化。

严酷自然面前的正能量

——中国的海洋防害减灾

海洋灾害

海洋自然环境发生异常或激烈变化，导致在海上或海岸发生的灾害称为海洋自然灾害。海洋自然灾害主要指风暴潮灾害、海浪灾害、海冰灾害、海啸灾害等自然灾害。

引发海洋自然灾害的原因主要有大气的强烈扰动，如热带气旋、温带气旋等；海洋水体本身的扰动或状态骤变；海底地震、火山爆发及其伴生之海底滑坡、裂缝等。海洋自然灾害不仅威胁海上及海岸，有些还危及沿岸城乡经济和人民生命财产的安全。此外，风暴潮还会在受灾地区引起海岸侵蚀、土地盐碱化；海洋地震引发海啸等次生灾害和衍生灾害。海洋自然灾害是地理环境演化过程中的异常事件，却成为阻碍沿海地区经济社会发展的最重要的自然因素之一。

2009 年，台风“莫拉克（Morakot）”在台湾花莲沿海登陆。台风带来的特大暴雨使降水量刷新了历史纪录，并引发了台南、高雄、屏东及台东县重大灾情，有 673 人死亡，26 人失踪，农业损失约 195 亿元（新台币），这次灾害造成的损失是台湾 50 年来最严重的。浙江、福建、江西、安徽、江苏、上海 6 省（市）也发生了不同程度的灾情，共造成受灾人口 1157.45 万人，死亡 12 人，失踪 2 人，直接经济损失 128.23 亿元。

2012 年 8 月，台风“海葵”侵袭中国，它是近 10 天内登陆中国的第三个台风。受“海葵”影响，浙江部分城区出现严重内涝，宁波奉化市西坞街道孙侯村积水达到了1.6米。在象山莲花村附近，马路上积水较深处已经漫过成年男子的腰部。宁波多处发生山体滑坡和泥石流。另外，上海市部分小区积水最严重的地方已经齐腰深。南京火车站停运数十趟列车，沪宁、宁杭高铁全部停运。

“海葵”带来的狂风暴雨致使浙江、上海、江苏、安徽4省（市）不同程度受灾，已造成2人死亡，208.6万人紧急转移，480万人受灾，3700余间房屋倒塌，农作物受灾面积170.9千公顷，其中绝收17.8千公顷。直接经济损失超百亿元。

中国地处太平洋西岸，是台风和气旋活动的频繁地区，也是世界上海洋自然灾害最频发、灾害程度最严重的国家之一。特别是近年来，受全球气候变化的影响，风暴潮、海浪、海岸侵蚀和海水入侵等海洋灾害加剧。海洋防灾减灾已经成为保障中国经济社会持续健康发展的一项重要工作。

目前，中国已初步建立了岸站、浮标、潜标、船舶、飞机、卫星、雷达等多种手段相结合的立体海洋观测网，中国的海洋预报减灾工作体系已基本形成，并在每年的海洋灾害发生期的灾害防治工作中发挥了重要作用。

风暴潮和灾害性海浪

风暴潮和海浪灾害一年四季均可发生，南起海南岛、北至辽东半岛的广阔海岸均可能遭受袭击。热带风暴主要集中在7—10月，特别是8、9月份。较大的温带风暴潮主要发生在晚秋、冬季和早春，即11月至次年4月。受全球气候变化的影响，海洋风暴潮灾害逐渐北移，江苏、山东、辽宁等地受风暴潮灾害威胁增大，制约了当地社会经济发展。

随着沿海地区经济社会的发展和基础设施的增加，承灾规模日趋庞大，风暴潮造成的直接和间接经济损失逐年增加。中国风暴潮造成的直接经济损失已由20世纪50年代的年均约1亿元，增加到80年代后期的近20亿元，至90年代前期约76亿元。2001年以来，中国共发生256次风暴潮灾害，累计受灾人口12381万人次、死亡/失踪849人，直接经济损失1433亿元，其中2005、2006、2008和2012年直接经济损失分别为330亿元、217亿元、192亿元和126亿元，海南、广东、福建、浙江等地受灾严重。

风暴潮是由于热带风暴、温带气旋、海上冰雹等风暴过境所伴随的强风和气压聚变而引起的海面非周期性异常升高（降低）现象。风暴潮引起沿岸涨水造成的灾害称为风暴潮灾害。中国沿海地区由南到北，均会遭受风暴潮的侵袭。风暴潮引起的灾害通常表现为增水灾害，如淹没土地、海滩侵蚀、航道淤积、毁坏堤坝等；减水灾害表现为航道受阻、电厂取水困难、港口码头作业不便等。

2012年，中国沿海共发生风暴潮过程24次，其中台风风暴潮过程13次，9次造成灾害，直接经济损失126.29亿元，死亡（含失踪）9人；温带风暴潮过程11次，未造成灾害。2012年，台风风暴潮过程影响时段集中，从7月23日至8月28日，中国沿海先后经历了7次风暴潮过程。温带风暴潮过程发生次数为近5年来最少，且仅有1次超过当地警戒潮位。

2012年起，中国实行新的《警戒潮位核定规范》。沿海地区按照新国标的要求，开展全国沿海警戒潮位核定工作，以加强海洋防灾减灾体系建设。为进一步细化警戒潮位核定中各工作环节的要求，中国还颁布了《警戒潮位核定管理办法》，沿海警戒潮位至少要每5年更新1次，不同地区还应依据当地实际情况适当缩短更新周期。

根据《风暴潮、海啸、海冰灾害应急预案》的要求，中国政府第一时间发布风暴潮红色预警报。浙江、福建省紧急启动应急响应，通过新闻、广播、电视等多渠道、多途径向社会发布灾害

2001—2012 年中国近海风暴潮的损失情况

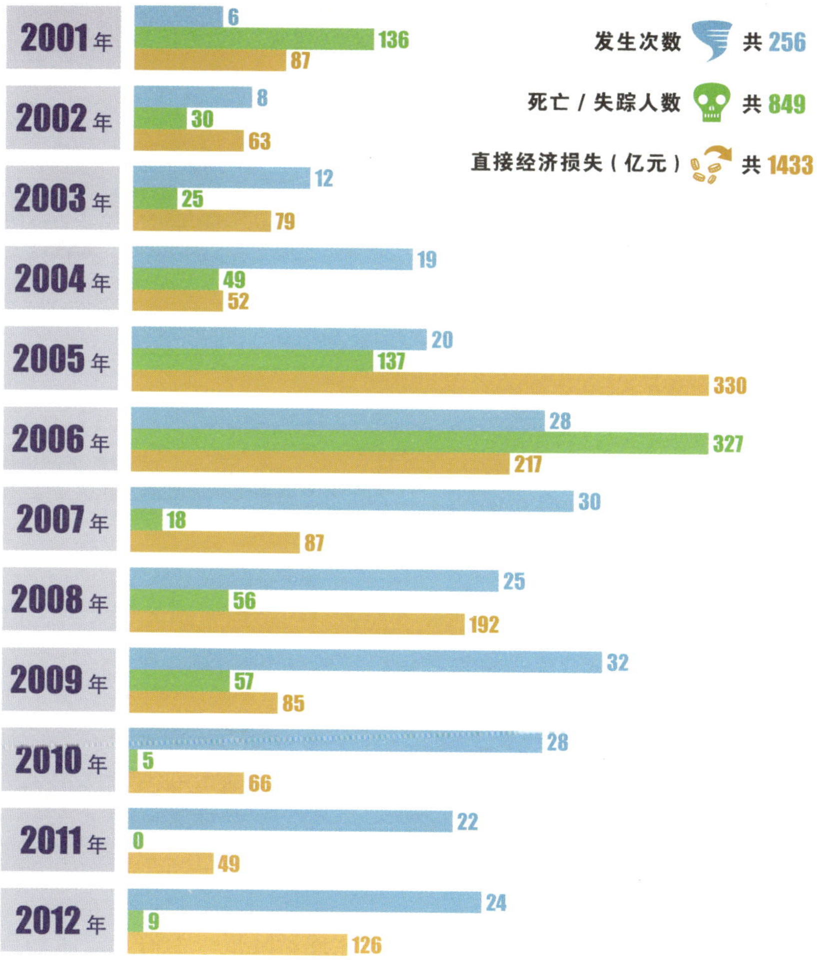

资料来源：国家海洋局《中国海洋灾害公报》（2001—2012 年）。

信息，有效安排渔船、商船回港避风工作，及时转移危险区域人员超过 100 万。

灾情发生后，中国政府积极开展救灾和灾后恢复生产工作。迅速开展海上搜救工作，对灾情严重海域进行全面搜救。切实做好灾民安置工作，紧急调运大量帐篷、食品、衣物等救灾物资送往灾区，

台风过后村庄被洪水包围，四周一片汪洋。

认真组织安置好灾后群众生活。各地各部门迅速组织大量人力、物力和机械设备，全力以赴抢修损毁严重的基础设施。

因海浪引起船只损坏和沉没、航道淤积、海洋石油生产设施和海岸工程损毁、海水养殖业受损等经济损失和人员伤亡的灾害称为灾害性海浪。灾害性海浪也是由温带气旋和热带气旋引起的。

中国灾害性海浪发生频率由南到北逐渐降低。南海、东海和黄海灾害性海浪发生次数较多，渤海较少。2002—2012 年，共发生灾害性海浪 455 次，年均 41 次。2005—2007 年是灾害性海浪高发年，平均 57 次 / 年，其中 2005 年发生 66 次。2008 年以来，为近年来灾害性海浪的低发期。2001—2012 年，中国灾害性海浪共造成 1488 人死亡 / 失踪，直接经济损失 34.92 亿元。2005 年死亡 / 失踪人数最高，为 234 人，2009 年造成的直接经济损失最大，为 8.03 亿元。

2012年，中国近海共发生灾害性海浪过程41次，其中台风浪18次，冷空气浪和气旋浪23次。因灾直接经济损失6.96亿元，死亡（含失踪）59人。海浪灾害造成的直接经济损失主要发生在辽宁省和山东省，分别为4.48亿元和1.49亿元，占海浪灾害全部直接经济损失的86%。

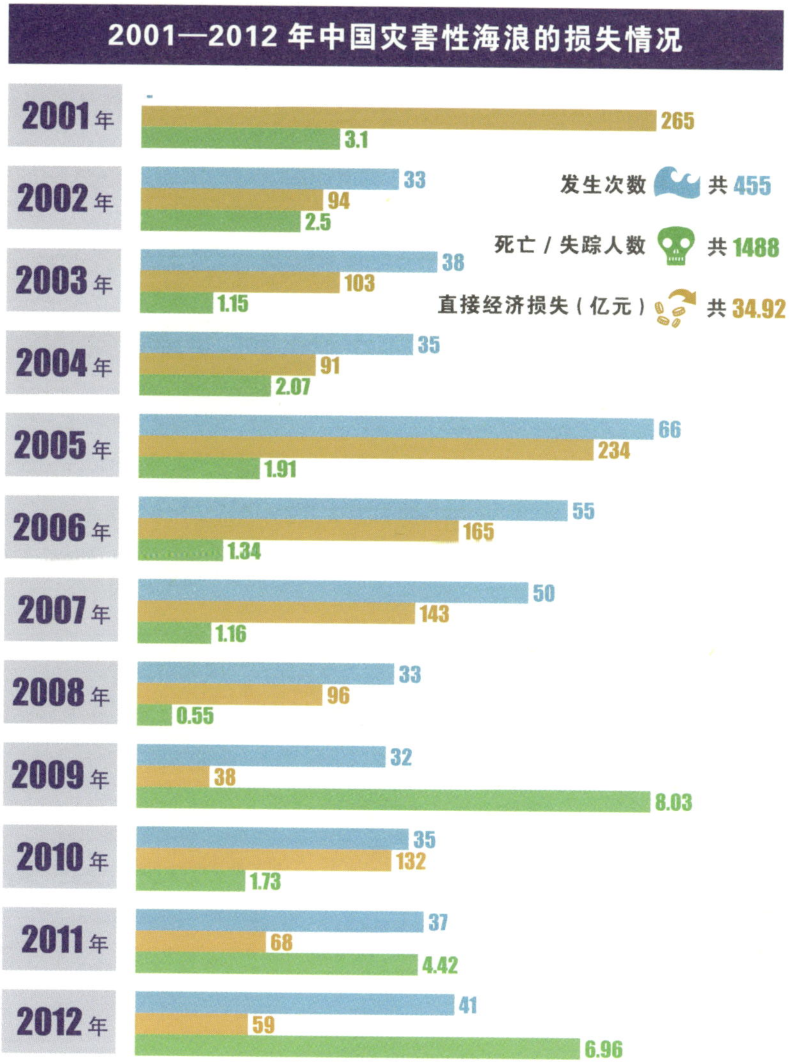

资料来源：国家海洋局《中国海洋灾害公报》（2001—2012年）（2002—2013年）

海冰

所有在海上出现的冰称为海冰，除由海水直接冻结而成的冰外，还包括源于陆地的河冰、湖冰和冰川冰等。因海冰引起的航道堵塞、船只损坏和沉没、建筑物损坏等现象，统称海冰灾害。海冰造成的灾害主要有：推倒海上石油平台、破坏海洋工程设施、航道设施、撞坏船舶、冰封港湾、破坏海水养殖设施、场地等。

海冰是渤海、黄海北部及沿岸地区的主要自然致灾因子。一般在“轻冰年”或者“偏轻冰年”，都不会对海上活动产生明显影响，或只对封冰港的使用产生一定的影响，但局部地区也可能会产生海冰灾害；“常冰年”以上的冰情出现均会造成灾害，特别是“严重冰年”。

中国主要的海冰灾害过程

年份	冰情	影响或损失
2011/2012	常冰年	7.2 万人受灾，直接经济损失 1.55 亿元
2010/2011	常冰年	直接经济损失 8.81 亿元
2009/2010	偏重冰年	6.1 万人受灾，直接经济损失 63.2 亿元
2008/2009	偏轻冰年	-
2007/2008	偏轻冰年	辽东湾海上油气作业受影响
2006/2007	轻冰年	历史最轻
2005/2006	常冰年	莱州湾海域冰情严重
2004/2005	常冰年	辽东湾封冻
2003/2004	偏轻冰年	辽东湾、黄海北部、鸭绿江口港口受灾严重
2002/2003	偏轻冰年	辽东湾船舶航行困难
2001/2002	轻冰年	-
2000/2001	偏重冰年	辽东湾北部封港

2013 年 1 月，黄渤海冰情较往年偏重，渔船作业和海洋养殖受到影响。

近半个世纪以来，受全球气候变化等因素的影响，海冰盛冰期天数、冰级呈下降趋势，黄渤海未见重冰年，但不排除在气候异常的情况下出现重冰年的可能。2000/2001 年与 2009/2010 年，是 20 多年来中国近海出现的 2 次偏重冰年；2010 年 1—2 月，渤海湾和黄海北部发生 30 年罕见的冰灾，共造成 6.1 万人受灾，直接经济损失达 63.2 亿元。

2009/2010 年冬季渤海及黄海北部冰情属偏重冰年，于 2010 年 1 月中下旬达到近 30 年同期最严重冰情。2009/2010 年冰情发生早，11 月下旬辽东湾即出现大面积初生冰，较常年提前了半个月左右。冰情发展速度快，短时间内辽东湾浮冰范围从 38 海里迅速增加到 71 海里，莱州湾浮冰范围从 16 海里增加到 46 海里，为莱州湾近 40 年来最大海冰范围。

2009/2010 年冬季渤海及黄海北部发生的海冰灾害对沿海地区社会、经济产生严重影响，造成巨大损失。辽宁、河北、天津、山东等沿海三省一市受灾人口 6.1 万人，船只损毁 7157 艘，港口及码头封冻 296 个，水产养殖受损面积 207.87 千公顷，因灾直接经济损失 63.18 亿元。

海平面上升

海平面上升对人类的生存和经济发展是一种缓发性的自然灾害，是由全球气候变暖、极地冰川融化、上层海水变热膨胀等原因引起的全球性海平面上升现象。国际上将 1975—1986 年的平均海平面定义为常年平均海平面，海平面上升的数值是指某年海平面与常年平均海平面相比较升高的值或降低的值。近百年来全球海平面已上升了 10—20 厘米，并呈加速上升的趋势。但世界某一地区的实际海平面变化，还受到当地陆地垂直运动—缓慢的地壳升降和局部地面沉降的影响。作为一种缓发性海洋灾害，海平面上升长期的累积效应将加剧风暴潮、海岸侵蚀、海水倒灌与土壤盐渍化、咸潮入侵等海洋灾害的致灾程度，引发相关灾害。

海平面上升对中国近岸生态系统最直接的影响是滨海盐沼湿地和热带珊瑚礁、红树林等生境的大面积丧失。此外，海平面上升的长期变化趋势将使中国东部的重要经济发达地区逐渐成为沿海的低地，发展空间变小，受来自于海洋和陆地的自然灾害的影响程度增加。

近百年来，全球气候变暖趋势明显，海平面上升速率明显加快。20 世纪全球绝对海平面上升速率平均值为 1.7 ± 0.5 毫米 / 年，1961—2003 年全球海平面上升速率为 1.8 ± 0.5 毫米 / 年；1993—2003

年海平面上升的平均速率则为 3.1±0.7 毫米/年。近年来，中国海域海平面上升平均速率为 2.6 毫米/年，高于全球海平面的平均上升速率。2010 年渤海、黄海、东海和南海的海平面平均上升速率分别为 2.5 毫米/年、2.8 毫米/年、2.8 毫米/年和 2.5 毫米/年；与常年相比，渤海、黄海、东海和南海的海平面分别上升了 64 毫米、75 毫米、66 毫米和 64 毫米。

近 30 年来，中国沿海海域的年代际海平面上升明显。自 2001 年以来，中国沿海的海平面总体处于历史高位，2001—2010 年的平均海平面比 1991—2000 年的平均海平面高 25 毫米，比 1981—1990 年的平均海平面高 55 毫米。

2012 年，中国沿海海平面为 1980 年以来最高值，较常年高 122 毫米。沿海气温和海温分别较常年高 0.4℃和 0.3℃，气压较常年低 1.2 百帕。与常年相比，渤海、黄海、东海和南海海平面上升幅度均超过 100 毫米；渤海海平面上升幅度最小，为 31 毫米。受气候变化和海平面上升累积效应等多种因素的影响，辽宁、山东和江苏等省的部分沿海地区海岸侵蚀、海水入侵与土壤盐渍化等灾害较为严重，2012 年的高海平面加剧了江苏、浙江和广东等沿海地区风暴潮的影响，给当地人民的生产生活和经济社会发展造成了一定的危害。

未来中国沿海低洼地区将受到来自海平面上升的直接威胁。海平面相对上升，不仅会直接淹没沿海一些地势较低地区，而且还会使沿海地区防潮工程的抗灾能力不断降低。在环渤海湾地区和黄河三角洲、长江三角洲和珠江三角洲的部分岸段，地面下沉相当严重，海平面上升将非常明显。

据预测，到 2040 年，中国近海海域海平面将比 2010 年上升 70—140 毫米不等。其中，天津、山东、上海、浙江、广东海平面上升的最高值或将超过 130 毫米。

中国沿海海平面年际变化

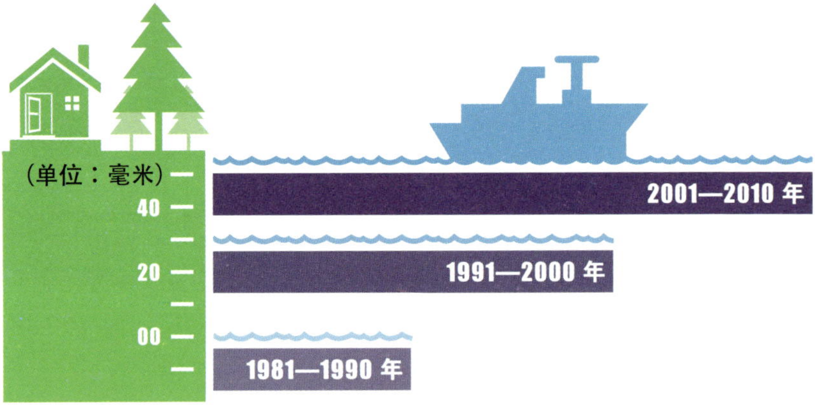

2040 年沿海省市近海海域海平面上升预测

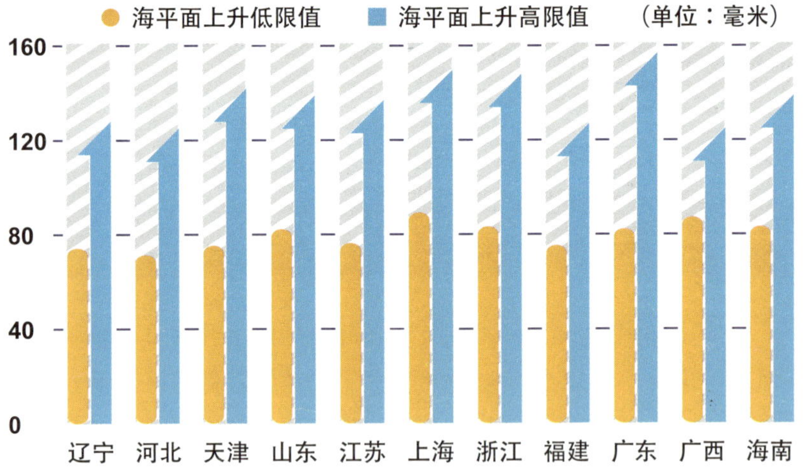

自 2011 年，中国开展了全国沿海大型工程风险排查和海洋灾害评估专项工作，海平面上升的风险评估和区划是主要工作内容之一。2012 年，中国编制了《海平面上升风险评估与区划技术导则》，对全国沿海地区的风险等级进行划分，为沿海地区海洋经济建设布局、海洋资源开发利用规划以及沿海大型工程设防提供决策支持。

海岸侵蚀

海岸侵蚀是指在自然因素、人为因素或者两因素叠加产生的海洋动力作用下，供沙量少于来沙量而引起的海岸线位置后退、暗滩下蚀等现象。

江河输沙的变化、海平面上升、风暴潮、海浪的侵袭等自然因素，近岸采砂、江河水利工程拦截泥沙、不合理的海岸工程、围海造地和水产养殖等人为因素，都会导致当地或异地的海岸侵蚀。海岸侵蚀的直接灾害包括侵蚀淹没沿岸土地、毁坏护岸堤坝、码头、房屋建筑、海防工事、防护林、沿海公路等网络设置、海水浴场等旅游设施；间接灾害主要是改变海岸带生态环境和自然环境。

2008 年沿海各省（自治区、直辖市）海岸侵蚀情况

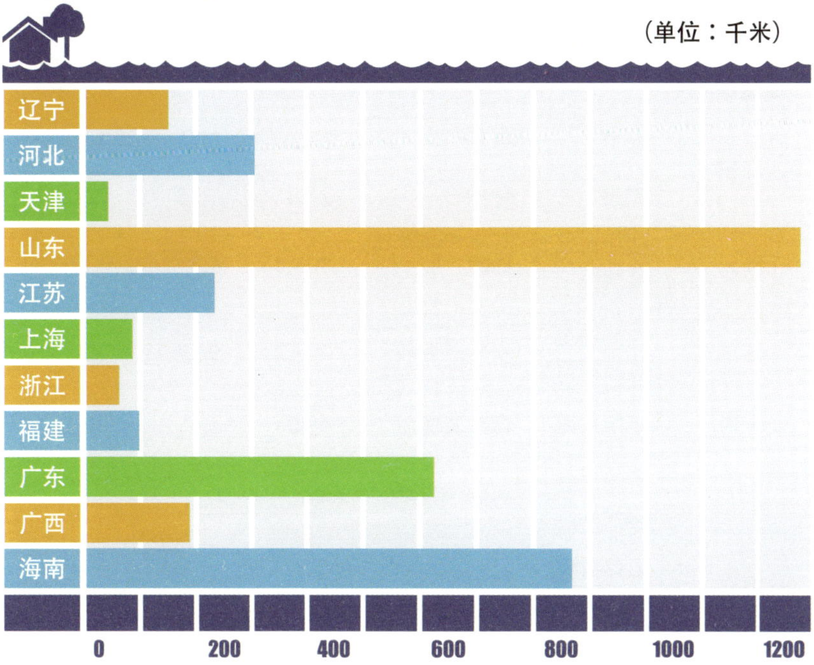

海岸侵蚀是全球海岸带普遍存在的一种灾害性地质现象，受全球变暖和海平面上升的影响，近几十年来世界各国的海岸侵蚀出现加剧趋势。由于开发不当，中国岸线损失逐年增加。据不完全统计，2008 年海岸侵蚀长度达 3708 千米，其中砂质海岸侵蚀总长度为 2469 千米，占全部砂质岸线的 53%；淤泥质海岸侵蚀总长度为 1239 千米，占全部淤泥质岸线的 14%。中国砂质侵蚀严重的地区主要集中在辽宁、河北、山东、广东、广西和海南沿岸；淤泥质海岸侵蚀严重的地区主要分布在河北、天津、江苏和上海沿岸。山东侵蚀岸线超过 1200 千米，广东和海南超过 600 千米。

中国砂质海岸和粉砂淤泥质海岸侵蚀严重，局部地区侵蚀速度呈加大趋势。海岸侵蚀造成土地流失，房屋、道路、沿岸工程、旅游设施和养殖区域损毁，给沿海地区的社会经济带来较大损失。

2012 年重点监测海岸侵蚀情况

省（自治区、直辖市）	重点岸段	侵蚀海岸类型	监测海岸长度（千米）	侵蚀海岸长度（千米）	平均侵蚀速度（千米）
辽宁	绥中	砂质	112.0	58.1	1.9
	盖州	砂质	21.8	18.5	2.9
河北	滦河口至戴河口	砂质	105.4	5.1	11.0
江苏	连云港至射阳河口	粉砂淤泥质	267.2	90.2	10.4
上海	崇明东滩	粉砂淤泥质	48.0	3.4	22.1
广东	雷州市赤坎村	砂质	0.8	0.2	3.0
海南	海口市镇海村	砂质	1.5	0.9	7.0

海水入侵

海水入侵是指由自然或人为原因，海滨地区地下水水动力条件发生变化，使海滨地区含水层中的淡水和海水之间的平衡状态遭到破坏，导致海水或与海水有水力联系的高矿化地下咸水沿含水层向陆地方向扩侵的现象。

海水入侵主要是因为海平面上升、地面沉降和风暴潮等引起的，此外，过量开采地下水、大量开采油气、规模化城市建设导致地面下沉等也会造成海水入侵。海水入侵使生态环境趋于恶化，人畜吃水困难，工业发展受限，土地盐碱化，农业大幅度减产。

渤海滨海平原地区海水入侵较为严重，主要分布于辽宁盘锦地区，河北秦皇岛、唐山和沧州地区，山东滨州和潍坊地区，海水入侵距离一般距岸 10—30 千米。辽东湾和莱州湾滨海地区海水入侵面积大、盐渍化程度高。辽东湾北部及两侧的滨海地区，海水入侵的面积已超过 4000 平方千米，其中严重入侵区的面积为 1500 平方千米，属于辽东湾的盘锦地区海水入侵最远距离达 68 千米。莱州湾海水入侵面积已达 2500 平方千米，其中严重入侵面积为 1000 平方千米，莱州湾南侧海水入侵最远距离达 45 千米。

黄海、东海和南海沿岸海水入侵影响范围较小，除江苏盐城和浙江台州滨海地区海水入侵距离稍大外，其他地区海水入侵距离一般距岸 5 千米以内。

海洋自然灾害防治

国家、海区和沿海省市三级预报服务体系

在海洋防灾减灾工作中，中国始终高度重视《风暴潮、海浪、海啸和海冰灾害应急预案》的制定工作，组织各级海洋部门制定了一系列应急预案及其执行预案，预案覆盖范围不断扩大，全国海洋灾害应急预案体系初步形成。随着海洋经济的迅速发展，中国沿海地区对海洋灾害的影响越来越重视，已逐步开展了全国海洋灾害风险评估工作。沿海各省海洋部门开展了海平面变化影响调查评价、警戒潮位核定、海平面与海洋灾害公报编制发布、海洋防灾减灾示范区建设等工作，为有效减轻沿海各地灾害损失提供了基础数据和决策依据。

目前，中国共建有 1 个国家预报中心、3 个海区预报中心，沿海 11 个省（区、市）都成立了海洋观测预报机构，初步建立了由国家海洋环境预报中心、海区预报中心和地方各级海洋预报机构相结合的海洋预报工作体系。通过广播、电视、报纸、网络、手机短信等渠道，每天向社会发布渤海、黄海、东海、南海 4 大海区的海浪、海温、海流和重点港口潮汐预报，以及西北太平洋海温、海流、海面风场预报和全球海浪预报，每年冬季发布渤海及北黄海的海冰预报。在风暴潮、海浪、海啸和海冰灾害应急期间，及时发布各类海洋灾害预警报。当前，海洋防灾减灾工作在管理体系、能力建设和

中央和地方各级海洋预报机构相结合的海洋预报工作体系

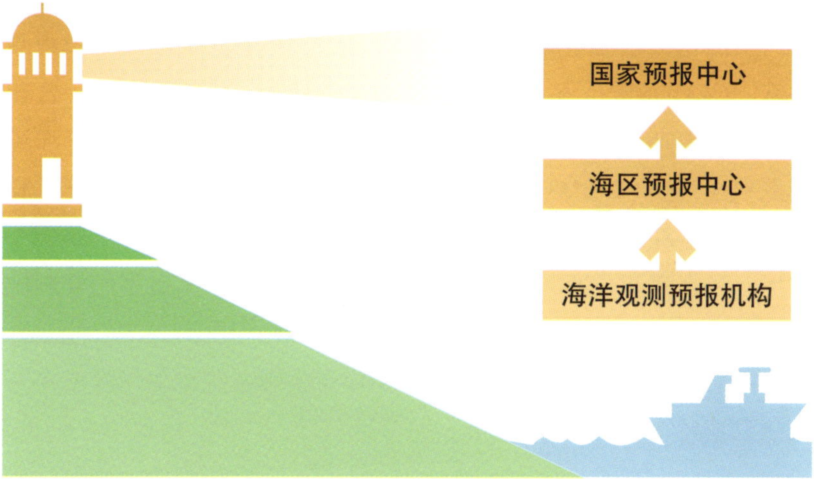

运行机制上全面提升，应急管理职责正在得到全面履行，初步建立起符合中国特色的海洋防灾减灾体系，取得了显著的经济社会效益。

积极应对和适应气候变化

中国作为《联合国气候变化公约》和《京都议定书》的缔约国，历来高度重视应对气候变化工作。2007 年，中国政府发布《中国应对气候变化国家方案》，将海岸带和沿海地区作为适应气候变化的重点领域之一。2010 年发布的《“十二五”规划纲要》，明确要求加快海洋领域制定实施适应气候变化相关的重要政策文件和法律法规。沿海地区积极开展海岛、海岸带和近海生态系统修复工程，加强海岸绿化和海岛植被修复，有效应对并减缓气候变化的影响。

中国出台了《关于海洋领域应对气候变化有关工作的意见》《“十二五”海洋科学和技术发展规划纲要》《海洋可再生能源“十二五”规划》和《“十二五”国家应对气候变化科技发展专项

规划》等一系列专题规划，对加强海洋气候观测、科学研究和国际交流合作等工作提出了具体意见。

中国积极参与全球海洋观测系统（GOOS）、全球海平面观测系统（GLOOS）、气候变率与可预报性研究（CLIVAR）、全球海洋环境定期评估（GRAME）等国际合作计划，在东北亚海洋观测系统（NEARGOOS）、东南亚海洋观测系统（SEAGOOS）和热带印度洋观测系统（INDOOS）建设中发挥重要作用。中国还与印尼、马来西亚、泰国、新西兰、澳大利亚等国家签署了海洋领域应对气候变化的双边合作协议，成立了“中—印尼海洋与气候联合研究中心”，与意大利合作开展“海岸带生态系统应对气候变化能力建设项目”。

建立全天候、全方位海洋灾害监测系统

目前，中国已建立全天候、全方位的海洋灾害监测系统，可以及时准确地作出预报，最大程度地减少灾害损失。中国海洋灾害监测采用了多种手段，一是通过岸站、浮标、船舶等手段全天候实施监测，二是经常和国际同行交换海洋气象、水文等方面的数据，三是利用中国发射的海洋卫星进行监测。“云娜”台风于 8 月 11 日 8 时至 8 月 13 日 20 时在东海活动期间，国家海洋局布放的 9 号海洋观测浮标，准确、完整地记录了此次台风过程的海浪、气象数据，并观测到 13.2 米的最大波高，为海洋灾害预警报提供了宝贵数据。

目前，中国已经建立包括海啸预警在内的海洋灾害预警机制和海洋防灾减灾应急响应系统。2012 年 9 月 14 日 16 时，国家海洋预报台和天津海洋环境监测预报中心及时发布了风暴潮及大浪警报，天津市政府及时启动海洋防灾减灾应急响应系统，有效组织防灾减灾工作，最大程度地降低了灾害损失。

海洋海浪监测浮标在青岛下水

相关专家表示，现在中国海洋科技工作者正在研制深、浅水海浪数值预报模式和适合于海洋环境预报的有限区域海面风场数值预报模式和台风风场数值预报模式，以实现中国海及其邻近海域海浪数值预报的业务化运行；研制高分辨率风暴潮——近岸海浪耦合数值预报模式和典型区域风暴潮漫滩数值预报模式；研制厄尔尼诺的区域和全球数值预测模式等。随着科技进步，中国海洋防灾减灾能力会不断提高。

那片蔚蓝色的海洋

——中国近岸海域海洋环境状况

2011 年 7 月，首届中国海洋环境监测专业技术竞赛北海分局预赛操作比赛在青岛胶州湾举行。

中国海洋环境总体质量从20世纪70年代末开始逐渐恶化，污染损害事件时有发生。近年，近岸海域环境问题突出，近岸以外海域环境质量较好。近岸海域占中国管辖海域面积5%左右，环境问题主要表现为海水水质差、生态系统退化、赤潮灾害多发、局部区域海水入侵、土壤盐渍化、海岸侵蚀等灾害严重，海洋溢油等突发性事件多发。

海水水质

最近 10 年，中国近岸海域的污染水域总面积基本保持在 14 万平方千米左右，但污染程度有所加重。以 2012 年为例，这一年海洋污染面积将近 17 万平方千米，其中 40% 以上属于严重污染海域。

严重污染的海域集中在大中型河口、海湾和部分大中城市近岸海域，其中辽东湾、渤海湾、莱州湾、江苏沿岸、长江口、杭州湾、珠江口的近岸海域长期处于较重污染状态，水质较差。海水中的污染物质主要是无机氮、活性磷酸盐和石油类物质。

2003—2012 年近岸海域各级污染海域面积变化

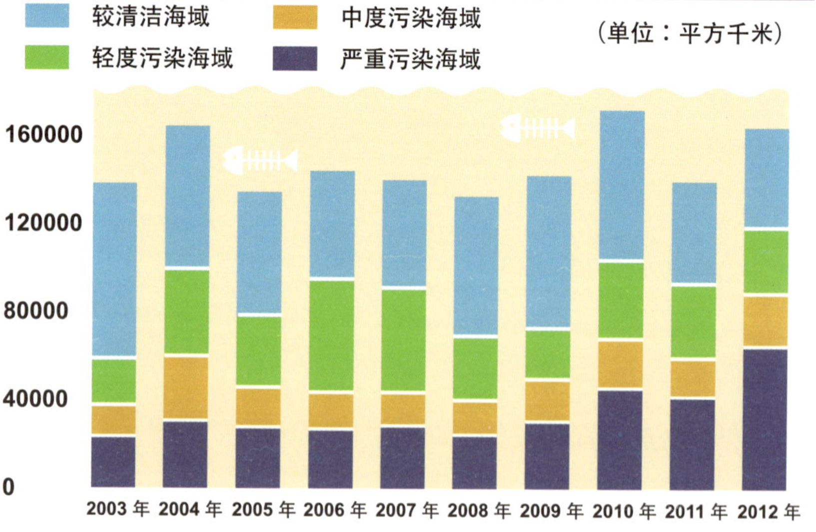

典型生态系统健康

国家海洋局对中国近岸海域部分生态脆弱区和敏感区的监测结果表明，中国主要海湾、河口及滨海湿地生态系统多处于亚健康或不健康状态。其中，杭州湾和锦州湾等生态系统常年处于不健康状态。海南岛东海岸海草床、广西北海珊瑚礁和红树林、雷州半岛的珊瑚礁等生态系统保持在健康状态。

生态系统不健康主要表现在富营养化及营养盐失衡，生物群落结构异常，河口产卵场严重退化逐渐消失等。主要影响因素是陆源污染物排海、围填海侵占海洋生境、生物资源过度开发。

广西防城港市江山半岛，当地渔民开垦的虾塘向红树林逼近。

赤潮与绿潮

赤潮：海水大面积变色

赤潮是海水中某些微小的浮游植物、原生动物或细菌在一定环境条件下突发性增殖或聚集，引起水体变色的一种有害生态异常现象。由于赤潮发生的原因、种类和数量的不同，水体会呈现不同的颜色，有红色或砖红色、绿色、黄色、棕色等，但某些生物（如膝沟藻、裸甲藻、梨甲藻等）引起的赤潮，有时并不使海水呈现任何特别的颜色。

赤潮主要是由浮游甲藻和硅藻引发的，少量为原生动物和细菌。有些赤潮生物对人类不构成威胁，但能产生毒素危害鱼类等其他海洋生物，破坏海洋生态系统。另外一些赤潮生物虽然无毒，但能对其他海洋生物造成堵塞或机械损伤，还可能由于死亡时大量消耗而使鱼窒息。赤潮也会对水体的酸碱度和光照度等海洋环境造成巨大的破坏，使海洋生态系统受到严重危害。

随着现代化工农业生产的迅速发展、沿海地区人口的增多，大量工农业废水和生活污水排入海洋，导致近海、港湾富营养化程度加重。同时，由于沿海开发程度的增高和海水养殖业的扩大，也带来了海洋生态环境和养殖业污染问题；海运业的发展导致外来有害赤潮种类的引入；全球气候的变化也导致了赤潮的频繁发生。

赤潮已成为一种世界性的公害，美国、日本和加拿大等 30 多

2014 年 5 月，福建省厦门市，赤潮以极快的速度向厦门港内涌来，半小时不到，鹭江已变为红色，鼓浪屿映衬在一片暗红色的海水中。

个国家和地区赤潮都频繁发生。2001 年至今，中国赤潮处于高发期，其中 2003 年赤潮爆发最频繁，为 119 次；2003 年以后，赤潮发生次数总体呈降低趋势。2004、2005 年赤潮分布海域面积较大，均超过 25000 平方千米；2006 年以来，赤潮分布海域面积总体显著减少。2012 年，赤潮造成的直接经济损失最高，达 20.15 亿元。

随着中国沿海经济的发展，沿海富营养化现象严重，赤潮灾害已经遍布各近岸海区，成为最严重的海洋灾害之一。东海为赤潮的高发区，主要集中在浙江沿海。渤海是赤潮的多发区、重发区。近年来，渤海赤潮发生次数持续增加，由近岸局部海域向整个渤海海域蔓延；发生时间跨度延长，4—11 月均有赤潮发生。2001—2012

2001—2012 年中国赤潮的发生情况

年份	发生次数	分布面积（平方千米）	直接经济损失（亿元）
2001	77	15000	10
2002	79	10000	0.23
2003	119	14550	0.43
2004	96	26630	0.01
2005	82	27070	0.69
2006	93	19840	-
2007	82	11610	0.06
2008	68	13738	0.02
2009	68	14102	0.65
2010	69	10892	2.06
2011	55	6076	0.03
2012	73	-	20.15
合计	833	169658	34.33

资料来源：国家海洋局，《中国海洋灾害报告》（2001—2012 年）

年，中国发生的特大赤潮灾害中，甲藻赤潮为 19 次，占特大赤潮的 48.7%，其中渤海发生 1 次，东海发生 18 次。

绿潮：大型绿藻暴增聚集

绿潮是在特定的环境条件下，海水中某些大型绿藻（如浒苔）爆发性增殖或高度聚集而引起水体变色的一种有害生态现象，与赤潮同为海洋生态灾害。绿藻爆发期间，大型藻类覆盖大片海域，大量藻类聚集消耗海水中的大量氧气，造成其他海洋生物窒息。数量众多的藻类受潮水冲击堆积在海岸带，严重影响海滨景观，并造成空气污染。

浒苔

在植物分类学上，浒苔属于绿藻类，约有40多种，中国约有11种。中国常见种类有缘管浒苔、扁浒苔、条浒苔。浒苔藻体草绿色，管状膜质，丛生，主枝明显，分枝细长，高可达1米。基部以固着器附着在岩石上，生长在中潮带滩涂、石砾上。虽然浒苔的植物体非常纤细，肉眼看去呈绿色细丝状，但这样的大小已经足以让人们称之为“大型藻类”了，因为它是由多细胞构成的，比起那些直径只有几微米到几百微米的单细胞藻类来说，完全算得上是“庞然大物”。由于全球气候变化、水体富营养化等原因，造成海洋大型海藻浒苔绿潮暴发。大量浒苔漂浮聚集到岸边，阻塞航道，同时破坏海洋生态系统，严重威胁沿海渔业、旅游业发展。

2004年海南三亚市亚龙湾发生的绿潮，是中国较早的绿潮记录。2005—2007年，在山东、海南等地先后发生绿潮，但致灾程度较低。2008年奥运会开幕前夕青岛海域发生的绿潮，是中国灾情最严重、影响最大的一次绿潮灾害，造成直接经济损失13.22亿元。2009年，绿潮影响海域最大，达到58000平方千米，造成直接经济损失6.41亿元。2012年浒苔分布面积和覆盖面积为5年来最低，分别为19400平方千米和261平方千米。

浒苔每年5—6月份形成于黄海中南部海域，7—8月进入山东南部近岸海域，仅青岛市已累计打捞清理浒苔6万吨。近年来，浒苔灾害持续发生，暴发面积大，持续时间长，大量涌入山东南部近岸海域，对渔业、水产养殖、海洋环境、景观和生态服务功能产生严重影响。

2008年5月30日，黄海中部海域出现大规模漂浮浒苔，在海流和风力的作用下向青岛迅速漂移。浒苔在漂移的同时，快速生长繁殖，于6月12日侵入青岛近海和奥帆赛场水域。6月28日，海面漂浮浒苔面积最大时达2.4万平方千米，其中在50平方千米的奥赛海域分布面积达16平方千米，使即将举行的奥帆赛面临严峻形势。这次浒苔聚集规模之大、持续时间之长、治理任务之重，均为历史罕见，是多年来青岛市面临的最为严重的海洋自然灾害。

在黄海中部监测到漂浮浒苔后，青岛市按照《绿潮灾害应急执行预案》要求，在第一时间启动了应急监视监测机制，对浒苔发展及漂移进行跟踪监测。在6月12日浒苔侵入大公岛周边海域时，迅速组织渔船开展拦截打捞，并根据浒苔发展和处置形势，启动了

2014年7月，山东青岛，两艘小船停泊在布满浒苔的海面上。

绿潮灾害的基本情况

年份	影响区域	分布面积（平方千米）	覆盖面积（平方千米）	绿潮种类
2004	海南三亚	-	-	礁膜、浒苔
2005	山东烟台	-	-	刚毛藻、浒苔
2006	山东烟台	-	-	刚毛藻、浒苔
2007	海南三亚、琼海、山东青岛	-	-	浒苔
2008	山东青岛	25000	650	浒苔
2009	山东省南部近岸海域	58000	2100	浒苔
2010	山东日照、青岛、威海、烟台	29800	650	浒苔
2011	山东日照、青岛、威海、烟台	26400	560	浒苔
2012	山东省南部近岸海域	19400	261	浒苔

应急预案I级响应，迅速传递信息、发动渔民、调集渔船、调配物资，为有效处置浒苔争取了时间。

浒苔灾害发生后，青岛市政府召开新闻发布会，介绍浒苔的特性、来源、发生机理以及当前处置进展情况。积极向社会各界公开信息：浒苔是无毒的，对环境没有直接危害；浒苔是从外海漂入的，与本地海洋环境没有直接关系；目前政府正在组织各方力量积极有序地开展处置工作，确保奥帆赛如期举办。

青岛市组织陆上清运组，负责上岸浒苔的清理运输工作。在海上，由海洋、海事、港航、气象等部门及沿海区市政府组成海域打捞组，组建了一支由1500多条渔船、8000多渔民组成的海上打捞船队，采取“拦”“围”与“清”相结合的办法，大型拖网船、中型攻兜网船和小型手抄网船相补充，进行了大规模海上打捞作业。同时，山东省海洋部门组织威海、烟台、日照、潍坊、东营、滨州等沿海地市920艘大型捕捞渔船、1万多渔民组成的联合船队，在外海进行拦截打捞。济南军区、山东省交通部门也相继投入到清运工作中。

在浒苔处置结束后，青岛市对参与打捞的渔民，按照实际油耗给予相应补贴，对处置浒苔的一些专用设施，根据实际情况进行妥善处理，或库存备用，或进入公务舱，或报废，或转为他用。鼓励企业参与浒苔综合利用技术创新，开发出了食品添加剂、海藻液、海藻肥等一系列产品，研制浒苔大规模快速烘干的技术和设备。政府还组成考察团，专门到经常暴发绿潮灾害的国家考察，学习处置经验，并引进浒苔海上打捞、岸上收集、快速脱水等先进技术和设备。根据浒苔处置经验，青岛市再次组织有关方面对原有的浒苔应急预案进行调整和完善，为科学处置大规模漂浮藻类做好了准备。

近岸“死亡区”

近岸“死亡区”是指海域中的低氧区和缺氧区，陆源污染是形成近岸“死亡区”的主要原因。大量含氮磷的污染物排入近岸海域，导致海藻和其他植物大量繁殖。这些植物死去后沉入海底，分解过程需要大量消耗溶解氧。随着海水水温的上升，水中的溶解氧会越来越少，同时，水生生物耗氧量上升，一定程度上会加剧海洋缺氧。由于海水缺氧导致鱼类、甲壳动物及其他动植物死亡，整个海域变

2014 年 6 月初以来，浒苔“前锋”到达江苏连云港多处海域，一些浒苔被海浪推到岸边堆积，工作人员正在对浒苔进行集中打捞清理。

成无生物存活的“死亡区”。

在过去50年中，“死亡区”的面积持续扩大。全球已有400个此类“死亡区”，所占面积超过24万平方千米。其中，墨西哥湾“死亡区”是由密西西比河流域大量富含氮、磷的农用肥料以及其他人类排放物随河水流入墨西哥湾所致。

死亡区

按照缺氧事件发生的频率和持续时间，可以将“死亡区”分为短暂性“死亡区”、周期性“死亡区”、季节性“死亡区”和持续性“死亡区”。

短暂性“死亡区”是指缺氧事件偶尔发生，其重复发生周期大于1年的海域。

周期性“死亡区”是指每年均发生持续数小时至数周的缺氧事件的海域。

季节性“死亡区”是指一般在每年夏季或秋季发生缺氧事件的海域。

持续性“死亡区”是指持续缺氧时间较长，甚至跨年度发生缺氧事件的海域。

近年来，中国近岸海域连年发生大规模赤潮，长江口、珠江口及东海部分近岸海域底层水体缺氧问题也出现了加剧的迹象。长江口被联合国环境规划署列为极难恢复的永久性“近岸死区”，珠江口、浙江近岸海域也被列为季节性“近岸死区”。

海上溢油

由于石油的生产、提炼、装卸、储存、运输、使用和处置等不当造成石油的流失、泄漏进入海洋，对海洋水生生物及生态环境造成损害的事件称为海上溢油。20 世纪 80 年代以来，随着海运事业和海洋石油工业的迅速发展，中国沿海海域石油溢油事故屡有发生。据统计 1973—2009 年，中国沿海共发生船舶溢油事故 2821 起，每 4—5 天发生一起。海上溢油对渔业、滨海旅游业等生产和海洋环境造成了严重的影响和经济损失，同时也危及人类健康。

此外，随着海上油气开发强度的增加，海上油气平台及输油管线的跑冒滴漏等造成的石油污染事故频繁发生，并且呈逐年递增的趋势。2010—2011 年，大连市新港中石油连续发生 5 次溢油事故，重创当地的旅游业和水产养殖业。2011 年 6 月 4 日和 6 月 17 日，蓬莱“19–3”油田相继发生两起溢油事故，导致大量原油和油基泥浆入海，对渤海海洋生态环境造成严重的污染损害。

蓬莱“19–3”溢油事故是中国首次出现海底溢油事故，对周边海域海洋环境造成较大的污染损害。受溢油事件影响，累计造成超过 6200 平方千米海域的海水污染（超第一类海水水质标准），其中 870 平方千米海水受到严重污染（超第四类海水水质标准）。渤海蓬莱“19–3”溢油事故导致周边及其西北部受污染海域的海洋浮游生物种类和多样性明显降低。

溢油事故发生后，国家海洋局按照《海上石油勘探开发溢油应急响应执行程序》的要求，第一时间责成康菲公司进行溢油事故的排查，主动向社会发布相关信息，并于2011年8月31日前完成封堵B平台附近溢油源，同时将C平台泄漏的海底油污清理完毕。2011年8月，中国政府成立蓬莱“19–3”油田溢油事故联合调查组。

2011年8月—11月，蓬莱“19–3”溢油事故联合调查组及国家海洋局经现场勘查、取证，做出一系列指令，责令康菲停止回注、停止钻井、停止油气生产作业；认定康菲石油在蓬莱“19–3”油田生产作业过程中违反总体开发方案，制度和管理上存在缺失，出现明显事故征兆后没有采取必要的防范措施，由此导致一起重大海洋溢油污染责任事故。

为切实依法维护渔业渔民的合法权益，切实依法维护国家海洋生态环境利益，8月30日，国家海洋局成立国家海洋生态索赔工

渤海蓬莱“19–3”溢油事故现场

作领导小组。根据《海洋溢油生态损害评估技术导则》等标准进行科学评估，估算溢油造成损害的生态赔偿金额，国家海洋局代表国家向康菲公司提出生态损害索赔要求。

经过行政调解，2012 年 1 月 25 日，农业部、中国海洋石油总公司、康菲石油公司以及有关省人民政府就解决蓬莱“19-3”油田溢油事故渔业损失赔偿和补偿问题，达成一致意见。康菲出资 10 亿元人民币，用于解决河北、辽宁省部分区县养殖生物和渤海天然渔业资源损害赔偿和补偿问题；康菲和中海油分别列支 1 亿元和 2.5 亿元人民币，成立海洋环境与生态保护基金，用于天然渔业资源修复和养护、渔业资源环境调查监测评估和科研等方面的工作。2012 年 4 月，康菲石油公司和中国海洋石油总公司协议支付 16.83 亿元人民币，用于赔偿和补偿溢油事故造成的海洋环境容量损失、海洋生态服务功能损失、海洋生境修复、海洋生物种群恢复等。

陆源污染物

陆源污染物是经由陆地排放入海的污染物，是造成中国海洋环境污染的主要因素，占全部入海污染物 80% 以上。陆源污染物主要通过河流和排污口排放入海，其中河流是主要渠道。2012 年，193 条主要入海河流所携带的入海污染物总量为：高锰酸盐指数 440.3 万吨、氨氮 62.3 万吨、石油类 6.1 万吨、总氮 369.4 万吨、总磷 31.6 万吨。

2012 年，监测的 425 个日排污水量大于 100 立方米的直排海工业污染源、生活污染源和综合排污口的污水排放总量约为 56.0

环境改善后，几只天鹅在河北秦皇岛洋河入海口处的河面上悠闲地畅游觅食、休憩。

2012 年 193 个入海河流断面主要污染物入海总量

（单位：万吨）

	高锰酸盐指数	氨氮	石油类	总氮	总磷
渤海	7.1	1.6	0.2	5	0.3
黄海	23.4	2.4	0.3	8.8	0.5
东海	306.1	37.7	4.2	272.8	26.9
南海	103.7	20.6	1.5	82.8	3.9
合计	440.3	62.3	6.2	369.4	31.6

2012 年 425 个直排海污染源污染物排海总量

	化学需氧量(万吨)	氨氮（万吨）	石油类(吨)	总磷（吨）
渤海	0.7	0.1	35.8	90.8
黄海	5.4	0.4	102.5	674.7
东海	12.3	0.9	614.5	1206.6
南海	9.6	0.3	273.2	948.7
合计	28	1.7	1026	2920.8

亿吨。各项污染物排放总量约为：化学需氧量 28 万吨、石油类 1026.1 吨、氨氮 1.7 万吨、总磷 2920.9 吨。

排海污水中高浓度的营养盐导致海域水体富营养化及营养盐失衡，近 70% 的海域富营养化严重，并引发浙江中部海域、长江口外海域、渤海等区域大面积赤潮频发。排污口邻近海域底栖生物群落结构简化、种类单一，部分邻近海域变成无底栖生物的海底荒漠。

围填海造地的生态影响

沿海地区是中国经济最发达的地区，但人口众多，人均占有土地面积小于内地。为了解决土地资源紧缺这一刚性问题，沿海各省市把填海造地作为解决土地资源紧缺的最主要途径。

1949 年至今，中国沿海已经经历了四次围填海浪潮。为满足城建、港口、工业建设需要，从 20 世纪 90 年代开始掀起了新一轮填海造地高潮。从 1990 年至 2008 年，中国围填海总面积从 8000 多平方千米增至 13000 平方千米。最近几年，围海、填海活动呈现出速度快、面积大、范围广的发展态势。

围填海造地改变了用海区的海域自然属性，严重影响了近海海洋生态环境、海岸海洋生态系统的健康。表面看，短时间内，人们还难以感受到填海造地对环境造成的更深重的影响，但已经发生的事实，充分证明了这种做法的破坏作用。

2011 年初面世的一份历时 6 年的海岛海岸带专项调查表明，在过去的 20 年间，共有 700 多个小岛消失。其中，浙江省海岛减少了 200 多个，广东省减少了 300 多个，辽宁省消失了 48 个，河北省消失了 60 个，福建省消失了 83 个。

中国海岸线因填海造地，人为改变了海岸线的位置，而这些海岸线是海洋与陆地在千百万年的相互作用中形成的一种理想的平衡状态，海岸线附近的湿地、近海生物等也受益于这种平衡。一旦人为地将海岸线前移，这种平衡便被打破了。作为屏障的小岛消失了，必然地影响沿海湿地的状况。

滨海湿地面积的大规模减少，甚至会引发赤潮、洪灾和海啸，也使生物多样性降低、渔业资源减少，也不利于泄洪，并可能引起城市地面沉降等问题。

荷兰国土面积的20%是通过填海造陆形成的。1950年到1985年间，荷兰损失了55%的湿地，结果带来了许多环境问题，如近海污染问题、鸟类减少等。1990年，荷兰农业部制定《自然政策计划》，确定花费30年的时间恢复这个国家的“自然”。根据这个计划，位于荷兰南部西斯海尔德水道两岸的部分堤坝将被推倒，一片围海造田得来的300公顷“开拓地”将再次被海水淹没，恢复为可供鸟类栖息的湿地。

据估算，在过去的100多年中，日本一共从海洋获取了12万平方千米的土地，其中，沿海城市的大约1/3的面积，都是通过围填海获取的。95%的自然海岸线变成了人工岸线。如此规模的填海造陆，破坏了生态环境：纳潮量减少、海水自净能力减弱导致海水水质恶化、海洋生物资源退化；天然湿地减少，海岸线上的生物多样性迅速下降。

认识到问题后，日本开始审视填海建设，并每年投入巨资设立专门的“再生补助项目”，希望找到一些恢复生态环境的方法。目前，日本围填海总面积已经不足1975年的1/4，每年填海造地面积只有5平方千米左右。

对蓝色家园的守护

——中国的海洋生态环境保护

大海像一首诗，灵动跳跃；像一幅画，意蕴丰富；又像一支交响乐，浩瀚澎湃……它时而平静，像面镜子；时而暴怒，涌起万丈狂澜。在我心目中，大海是蓝色的世界，孕育着许许多多自由自在的生命，神秘、迷人！

如今，大海变了样。海水不再清澈，它变浊了，变脏了。海水冲上沙滩，留下的是一堆又一堆的垃圾，还夹杂着不少惨死的小鱼小虾，散发着阵阵恶臭。这是为什么呢？这都是由于我们人类。有人在海边欣赏美景时，顺手把恶臭的垃圾扔进海里。也有在海边居住的人把厕所的排泄管直通到海底。更可恶的是工厂排放的废水大股大股地流进海里，把海水染成了一种奇异的颜色。

有人曾做过一个实验，他把一盆清水比作大海，再把一滴墨水滴入“大海”中。顿时，墨水慢慢地散开、变浅、消失，“海水”几乎和原来一样干净；如果墨水一直不断滴下去，海水的颜色就会越来越深，最后变成一盆黑水。地球上60亿人口每天生产出大量生活废水和工业污染物，如果像墨水一样一直注入海水中，那大海里还会有生命吗？我们还指望大海为我们的生活提供什么东西呢？我想，一定有很多可怕的事情已经或者正在海上、海边和海里发生着。

为了我们人类自己的身体健康，为了我们的子孙后代看到美丽迷人的蓝色海洋，让我们立刻行动起来吧，像热爱生命那样热爱海洋。

这是2013年5月2日发布在中国互联网上的一篇小学生作文。看到这样的作文，所有的人都会有所触动。

山东蓬莱港上空，公安民警通过高倍望远镜对港口水域的治安、交通动态进行监控巡航执法。

为保护海洋环境，中国已经制定了多部环境与资源保护方面的法律和行政法规，以规范海洋资源开发利用秩序，实施社会经济可持续发展。

建立海洋环境保护制度

《中华人民共和国海洋环境保护法》最初于1982由全国人大审议通过，并于1983年开始施行，现行的《海洋环境保护法》是经1999年和2013年两次修订，是中国海洋环境保护的根本大法，其中规定了海洋环境监督管理、海洋生态保护、防治陆源污染物对海洋环境的污染损害、防治海岸工程建设项目对海洋环境的污染损害、防治海洋工程建设项目对海洋环境的污染损害、防治倾倒废弃物对海洋环境的污染损害、防治船舶及有关作业活动对海洋环境的污染损害等各项制度。针对这些制度都制定并颁布了相应的配套条例，例如《防治海洋工程建设项目污染损害海洋环境管理条例》《防治海岸工程建设项目污染损

2013年12月28日，十二届全国人大常委会第六次会议闭幕会在北京人民大会堂举行，会议表决通过修改《海洋环境保护法》等七部法律的决定草案。

2009 年 12 月，中国海监海南省总队开始对海口市、儋州市、三亚市等 7 个市县进行海陆空立体联合执法检查。

害海洋环境管理条例》《防治陆源污染物污染损害海洋环境管理条例》等。

中国确立了“统一监督管理、分工分级负责”的海洋环境保护监督管理体制。环境保护行政主管部门负责对全国环境保护工作统一监督管理，海洋、海事、渔政等行政主管部门以及军队等各司其职，负责各自权限范围以内海域的海洋环境保护和管理工作。

《海洋环境保护法》提出建立并实施重点海域排污总量控制制度，要求确定主要污染物排海总量控制指标，并对主要污染源分配排放控制数量。《海洋环境保护法》建立的对海排污收费制度规定，直接向海洋排放污染物的单位和个人，必须按照国家规定缴纳排污费，向海洋倾倒废弃物，必须按照国家规定缴纳倾倒费。

实施海洋功能区划

自2002年1月1日起施行的《中华人民共和国海域使用管理法》建立了海洋功能区划制度、海域有偿使用制度、海域权属制度等海域使用管理的三大制度。《海域使用管理法》的实施，有效扭转了该法颁布实施之前海域使用无偿、无序、无度的“三无”状态，使中国的海域使用管理开始走上有偿、有序、有度的健康发展轨道。

《海域使用管理法》建立了统筹用海的海洋功能区划制度。这一制度在世界范围内也是领先的。海洋功能区划的主要内容是按照海域的区位、自然资源和自然环境等自然属性，科学确定海域功能，统筹安排各有关行业用海，从而保护和改善生态环境，保障海域合理利用。《全国海洋功能区划（2011—2020年）》提出了“在发展中保护、在保护中发展”的海域使用指导原则，优选一批基础条件好、环境敏感度低的岸段和区域，供集中开发建设、集约用海，同时对入海河口、港湾、海岛、红树林、珍稀濒危海洋生物天然集中分布区等重要生境和典型生态系统提出了明确的保护要求，为各种开发活动划定了不准逾越的红线。

《全国海洋功能区划（2011—2020年）》对海洋保护区实施最低保有量控制管理，确定至2020年海洋保护区总面积要达到中国管辖海域面积的5%以上。针对当前中国海域资源消耗过快、近岸海域和海岸线稀缺性凸显等问题，提出到2020年全国近岸海域

初冬时节，数万只海鸟在江苏如东县沿海滩涂湿地或结群低飞或觅食，成为一道奇特的风景。

保留区面积比例不低于10%、大陆自然岸线保有率不低于35%的保护目标。

针对各海域的具体情况，《全国海洋功能区划（2011—2020年）》提出了有针对性的海域使用管理措施。在渤海海域实施最严格的围填海管理与控制政策，实施最严格的环境保护政策。黄海沿岸的淤涨型滩涂辽阔，海洋生态系统多样，生物区系独特，是国际优先保护的海洋生态区之一，应加强保护。在东海，加强海湾、海岛及周边海域的保护，限制湾内填海和填海连岛，加强重要渔场和水产种质资源保护。在长江三角洲及舟山群岛海域，实施污染物排海总量控制制度，改善海洋环境质量。南海海域要加强海洋资源保护，严格控制北部沿岸海域，特别是河口、海湾海域围填海规模，加快以海岛和珊瑚礁为保护对象的保护区建设。

确立海岛保护制度

《中华人民共和国海岛保护法》要求国务院和沿海地方各级人民政府应当将海岛保护和合理开发利用纳入国民经济和社会发展规划，采取有效措施，加强对海岛的保护和管理，防止海岛及其周边海域生态系统遭受破坏。《中华人民共和国海岛保护法》建立了多项重要制度，包括海岛保护规划制度、海岛生态保护制度、无居民海岛权属及有偿使用制度、特殊用途海岛保护制度和监督检查制度

2011 年 11 月，中国第一个公开拍卖的无居民海岛大羊屿岛以 2000 万元的价格被宁波某企业购得 50 年使用权。

等。海岛保护规划制度是从事海岛保护、利用活动的依据。无居民海岛权属及有偿使用制度规定无居民海岛属于国家所有，由国务院代表国家行使无居民海岛所有权，是海岛管理的核心制度。特殊用途海岛保护制度主要是通过对领海基点所在海岛、国防用途海岛、海洋自然保护区内的海岛实行特殊保护措施。

海岛保护规划是进行海岛保护与利用的依据，并对海岛保护规划的内容以及编制、审批和修改程序作了规定。2012 年，颁布实施了《全国海岛保护规划》。此后，辽宁、河北、山东、江苏、福建、海南、广西、浙江、广东等沿海省陆续编制了省级海岛保护规划。

探索陆海联动的海洋环境保护机制

近年来，陆海联动的环境保护模式逐步得到中国相关部门的重视。环保部、国家海洋局、发改委、水利部等部委努力推动“陆海统筹、河海兼顾”的海洋和海岸带生态环境保护工作，并在区域层面，如渤海，加以落实和实施。2001 年以来，多个部委联合在渤海陆续实施了《渤海碧海行动计划》和《渤海环境保护总体

2012年12月，广东、香港、澳门首次海洋环境保护联合执法行动在珠江口海域展开。

规划》两项大型海洋环境保护规划。2001 年，国务院批准实施的《渤海碧海行动计划》提出："陆海兼顾、河海统筹，以整治陆源污染为重点，遏制海域环境的不断恶化，促进海域环境质量的改善，努力增强海洋生态系统服务功能，确保环渤海地区社会经济的可持续发展。"

2008 年，国务院批复了《渤海环境保护总体规划（2008—2020 年）》，该规划由国家发改委、环保部、城乡建设部、水利部、国家海洋局等联合实施。规划提出"陆海兼顾、河海统筹"，要求"全面加强从海洋到河流，从入海口到流域上游地区的污染源控制，并把陆地污染源控制、流域水资源与水环境综合管理，以及海域保护有机结合起来。"

2012 年，中国编制完成《近岸海域污染防治规划（2012—2015 年）》，该规划以改善近岸海域环境质量、保护海洋生态系统健康为目标，坚持"陆海统筹、河海兼顾"的原则，分析了近岸海域污染防治形势，明确了 5 个方面的基本任务和 40 个重点海域的规划目标任务。

多手段养护海洋渔业资源

中国是世界上唯一一个水产养殖产量超过捕捞产量的国家。作为传统的渔业大国，中国过去主要依靠天然渔业资源满足人们对鱼类蛋白的需求，渔业产量的增加主要依赖于捕捞产量的增加，对近海和内陆渔业资源造成很大的压力。到1978年，水产捕捞产量占总产量的比重高达74%。

从1985年开始，中国确立了“以养为主”的渔业发展方针，鼓励渔民发展渔业生产，使沉睡千年的内陆水域、浅海滩涂、低洼荒地等适宜养殖的资源得到合理的开发和利用。从1988年起，水产养殖产量开始超过捕捞产量，渔业的生产结构得到一定程度的优化。

尽管如此，随着人们对水产品需求的加大，进入20世纪90年代，捕捞强度超过资源再生能力、渔业资源开发利用过度的趋势已经呈现，渔业资源严重衰退，主要经济鱼类资源大量减少，海洋渔业效益下降、渔船停产、渔民收入下降等现象已经在很多地方成为严重的经济和社会问题。

1997年，中国适时地将大力发展养殖及养护和合理利用渔业资源放到更加重要的位置，渔业产业结构得到进一步优化。从1999年开始，中国开始实施海洋捕捞产量“零增长”计划，目前海洋捕捞产量的增长幅度已经开始出现下降趋势。

2014年6月至9月，中国东海海区除钓具作业外的所有作业类型渔船全面进入伏季休渔期，舟山市在海上作业的数千艘渔船全部回港。

伏季休渔制度

从1995年起，中国开始在东海、黄海和渤海海域实行全面的伏季休渔制度。伏季休渔制度规定，某些作业在每年的一定时间、一定水域不得从事捕捞作业。因该制度所确定的休渔时间处于每年的三伏季节，所以又称伏季休渔。

东海海域通过几年的休渔，有效保护了以带鱼为主的主要海洋经济鱼类资源。中国农业部1999年又发布规定，从当年开始，南海海域也开始实施休渔制度。

目前，凡在中国南海海域作业的所有拖网、围网及掺缯作业渔船，无论是内地的，还是港、澳、台地区的，或者是外籍的，都要执行伏季休渔制度。

2012年9月15日，浙江宁波象山县祭海典礼在象山石浦东门渔村举行。

2012年9月16日中午12点，中国东海结束三个半月的伏季休渔，全面开渔。15日上午，浙江省宁波市象山县石浦镇举行了盛大的祭海仪式。每年开渔的前一天，渔民们都要举行祭海活动，祈求平安丰收。已有多年历史的庄严肃穆的祭海仪式，既体现了渔民敬畏自然、感恩海洋的传统思想，也体现了人与自然和谐发展，保护海洋就是保护人类自己的现代理念。

网具最小网目尺寸制度和禁用渔具目录

中国农业部在网上向社会就实施海洋捕捞网具最小网目尺寸制度和禁用渔具目录征求意见。其后，农业部作出规定：自2015年1月1日起，黄渤海、东海、南海三个海区全面实行海洋捕捞网具最小网具尺寸制度，禁止使用小于最小网目尺寸的网具进行捕捞，并全面禁止制造、销售、使用双船单片多囊拖网等十三种禁用渔具。

自2015年1月1日起，各级渔业执法机构将对海上、滩涂、港口渔船携带、使用网具的网目情况以及禁用渔具使用情况进行执法检查。

开展海域和海岛的生态修复

海岸线是稀缺的海域空间资源，但近年来，中国沿海地区存在不同程度的海岸线利用粗放、海岸景观遭到破坏等问题。

从2009年起，中国展开海域海岸带整治修复工作，对自然景观受损、生态功能退化、防灾减灾能力减弱、利用效率低下的海域海岸带实施整治修复。

在中国，渔业水域生态修复是各沿海省市一项常态化工作。沿海各地海洋渔业管理部门每年都进行增殖放流，并不定期地投放人工鱼礁。山东等省市每年从省财政拨付专款用于人工鱼礁建设，河北省专门制定了《河北省水产局人工鱼礁管理办法》，广东等省市则将人工鱼礁建设作为重要内容写入海洋环境保护规划中。

限渔、禁渔等管制措施，以及增殖放流、人工鱼礁建设等生物和工程措施，是中国促进海洋和海岛生态修复和自我恢复能力、促使生态系统向良性循环方向发展的主要措施之一。

除此之外，中国还通过岛屿植被修复、沙滩修复、污染物处理以及可再生能源利用等海岛整治修复技术与方法，对生态系统严重退化的小岛屿进行修复。通过红树林种植、珊瑚礁培育、滨海湿地重建等方式，重建或者恢复已经退化的典型海洋生态系统。

2010年以来，财政部、国家海洋局共批准了73个海域海岸带整治修复项目，使用中央分成海域使用金16.45亿元。2013年4月，北戴河综合整治与海洋国家保障工程成为首个通过竣工验收的中央

2012 年 3 月，安徽淮南市渔政人员开展渔业资源增殖放流活动。

分成海域使用金支持的海域海岸带整治修复项目。

2013 年 11 月，中国河北省颁布实施《河北省海岸线保护与利用规划（2013—2020 年）》。这是中国首个经省级人民政府批准的海岸线保护与利用规划。《规划》明确了河北省海岸线保护和利用的目标：到 2020 年大陆自然岸线保有率不低于 35%，整治修复不少于 80 千米受损海岸线。《规划》将海岸线划分为严格保护岸段、适度利用岸段和优化利用岸段 3 个级别，还提出了升级修缮改造防潮堤 134.3 千米、建设海岸带景观廊道 80 千米的目标。

海岸线保护和整治修复是中国沿海所有地方都应该重视的事情，《河北省海岸线保护与利用规划（2013—2020 年）》的颁布实施，说明河北省在这方面在全国先行了一步。可以期待，中国沿海其他省市也会很快确定岸线开发保护和整治目标，科学、节约、集约、环保地利用海岸线资源。

加快建设海洋保护区的步伐

1963年，中国在渤海建立了第一个与海洋有关的自然保护区蛇岛自然保护区。在此之后，各有关部门陆续建立了一批国家级和地方级海洋自然保护区。各种典型脆弱海洋生态系统、珍稀濒危海洋生物、具有重大科学文化价值的海洋自然历史遗迹与自然景观等正逐步得到保护。

2010年，中国国务院通过了《中国生物多样性保护战略与行动计划》(2011—2030年)，提出了中国未来20年生物多样性保护总体目标、战略任务和优先行动。在海洋生物多样性保护方面，《行动计划》确定了黄渤海保护区域、东海及台湾海峡保护区域和南海保护区域等3个海洋与海岸生物多样性保护优先区域，并详细列举了各区的保护重点。《行动计划》还选定“海岸及近海典型生态系统保护与生态修复工程”为生物多样性保护优先项目之一，内容包括：开展海岸及近海典型生态系统本底调查，摸清各类典型海岸及近海生态系统现状，研究制定海洋生态区划与保护示范；选择在沿海地区红树林、珊瑚礁、海草床、滨海湿地集中分布区及重要海岛生态区，实施海洋保护区建设工程。

目前，中国已经基本建成海洋自然保护区和海洋特别保护区相结合的海洋保护区网络体系，至2012年底，中国共建立了各级各类海洋自然保护区200多个（不含台湾、香港和澳门），其中国家级涉海自然保护区35处。海洋自然保护区保护对象包括斑海豹、中华白海豚等珍稀海洋生物，红树林、珊瑚礁等典型海洋生态系统，

天津市古海岸与湿地自然保护区

贝壳堤、海底古森林等海岸地质遗迹以及丹顶鹤等珍稀水禽及其栖息地。

海洋特别保护区是指对具有特殊地理条件、生态系统、生物与非生物资源及海洋开发利用特殊需要的区域，采取有效的保护措施和科学的开发方式进行特殊管理的区域。与自然保护区重视保护相比，海洋特别保护区重视开发与保护并举。2005 年，中国批准建立了首个海洋特别保护区，至 2012 年底，中国已经建立了 23 处国家级海洋特别保护区（不含海洋公园），总面积超过 28 万公顷。

2010 年国家海洋行政主管部门新增设海洋公园作为海洋特别保护区的新类型。海洋公园在保护特殊海洋生态景观、历史文化遗迹、独特地质地貌景观的同时，充分发挥其生态旅游功能，实现保护与开发相协调，进而实现生态环境效益与经济社会效益的双赢。至 2012 年底，中国已经设立了 18 处国家级海洋公园。

列入国际重要湿地名录的重要滨海湿地

中国自 1992 年加入了《关于特别是作为水禽栖息地的国际重要湿地公约》。依照《湿地公约》，中国已将多个滨海湿地列入了国际重要湿地名录，给予充分、有效的保护。

辽宁双台河口湿地

位于辽宁省辽东湾北部，面积约 128,000 公顷，是中国高纬度地区面积最大的芦苇沼泽区，属于河口湿地。拥有大面积的碱蓬滩涂和浅海海域，是丹顶鹤、白鹤、黑嘴鸥、雁鸭类、鹭类及多种雀形目鸟类的栖息地和繁殖地。

大连国家级斑海豹自然保护区

位于辽宁省大连市西北 20 千米的复州湾长兴岛附近，面积 11,700 公顷。保护区沿岸海底地势陡峭，坡度较大，均为基岩，水深多在 5—40 米，主要保护物种为国家二级保护水生动物——斑海豹。

大丰麋鹿自然保护区

位于江苏省大丰市东南，面积 78,000 公顷。为典型的滨海湿地，主要湿地类型包括滩涂、时令河和部分人工湿地，还有大量林地、芦荡、沼泽地、盐裸地和森林草滩。

江苏盐城自然保护区

位于江苏盐城，面积 453,000 公顷。保护区地处江淮平原，位于太平洋西海岸。582 千米的海岸线，广阔的淤泥质潮滩形成了中国沿海最大的一块滩涂湿地，孕育着大量的生物，保证了数百万计水禽的迁徙，满足了丹顶鹤等濒危物种的越冬安全。

上海市崇明东滩自然保护区

位于低位冲积岛屿——崇明岛东端的崇明东滩，面积 32,600 公顷。在长江泥沙的淤积作用下，形成了大片淡水到微咸水的沼泽地、潮沟和潮间带滩涂。区内有众多的农田、鱼塘、蟹塘和芦苇塘，沼生植被繁茂，底栖动物丰富，是亚太地区春秋季节候鸟迁徙极好的停歇地和驿站，也是候鸟的重要越冬地。

列入国际重要湿地名录的重要滨海湿地

福建漳江口红树林国家级自然保护区

位于云霄县漳江入海口，保护区总面积 2,360 公顷，是以保护红树林及其栖息野生动物为主要对象的湿地类型自然保护区，保护区拥有中国天然分布最北的大面积的红树林，是中国北回归线北侧种类最多、生长最好的红树林天然群落。

广东湛江红树林国家级自然保护区

面积 20,279 公顷，是中国大陆最南端而且是最大面积的海岸红树林湿地。据初步调查有红树植物 24 种、鸟类 82 种及丰富的浅海生物资源。退潮后露出大面积裸滩为水禽觅食和栖息提供了优良场所。

广西山口国家级红树林自然保护区

位于广西壮族自治区北海市西合浦县沙田镇沙田半岛东西两侧，保护区海岸线总长 50 千米，总面积 4,000 公顷，有林面积 806 公顷。该区内有百年树龄红海榄、木榄群落，生长高大连片，在中国极为罕见；还有儒艮、白海豚、文昌鱼、中国鲎、马氏珍珠贝、黑脸琵鹭、黑嘴鸥等濒危野生动物。

广西北仑河口国家级自然保护区

位于广西壮族自治区防城港市防城区和东兴市境内，总面积 3,000 公顷。保护区内分布有面积较大、连片生长的红树林，红树林植物有 10 科 13 种，形成 12 种红树林群落。

海南东寨港自然保护区

位于海南省，面积 5,400 公顷，主要保护对象是以红树林为主的北热带边缘河口港湾和海岸滩涂生态系统及越冬鸟类栖息地。有红树林植物 26 种，半红树林和红树林伴生植物 40 种，占中国红树林植物种类的 90%。东寨港是许多国际性迁徙水禽的重要停歇地和连接不同生物区界鸟类的重要环节。该地栖息的鸟类有 159 种，其中列为中澳保护候鸟协定的鸟类有 35 种（名录共有 81 种），列入中日保护候鸟协定的有 75 种。

构建海洋环境立体监测系统

1984年，中国开始组建“全国海洋污染监测网”，中国海洋水文、水质开始转入常规监测。目前，涉海各部门设立的海洋环境监测站有300多个。所有沿海地级市均建立了海洋环境监测机构。山东、浙江等还设立了县级海洋环境监测机构。监测手段从早期的船舶、岸基站等向立体化方向发展，浮标、飞机、卫星和雷达等手段也已发展成为常规手段。监测范围不但覆盖中国管辖海域，还扩展到管辖范围以外海域。监测内容包括水体、沉积物、生物质量在内的海

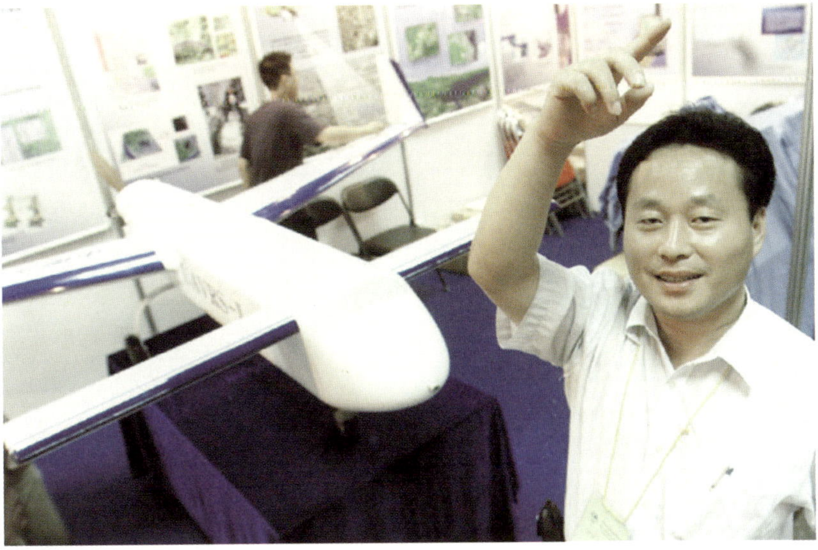

中国自行研制的、具有国际先进水平的“低空无人机遥感监测系统”

洋环境质量趋势监测，海水入侵和土壤盐渍化海洋环境灾害监测，赤潮、溢油等环境事故应急监测，海洋生态系统健康监测，以及针对入海排污口、入海河口、倾废区、度假区、工程建设区、海水浴场、养殖区、海洋保护区等特设区域的专门监视监测。

2004 年中国启动全国近岸海洋生态监控区工作，在近岸重要海洋生态敏感区域包括河口、滨海湿地、红树林、珊瑚礁、海草床及海湾等典型海洋生态系统建立 18 个生态监控区，监测环境指标、生物指标及生态压力指标，评价海洋生态系统的健康与安全状况，甄别主要海洋生态问题与原因，为海岸带环境综合管理提供支持。

近年来，中国还组织开展了海洋环境质量状况与趋势监测、近岸赤潮监控区监测、近岸海洋生态监控区监测、重点入海排污口及邻近海域监测、近岸海域环境质量监测和渔业水域环境监测等专项监测，定期发布《中国海洋环境状况公报》《中国近岸海域环境质量公报》《中国渔业生态环境状况公报》和海洋环境专项监测通报，通过这些，能够全面地掌握中国海洋生态环境的现状与变化趋势。

实现海洋环境保护执法常态化

“碧海”系列专项执法行动从2009年开始实施，行动定位为海洋环境保护专项执法行动，以开展防治海洋工程建设项目污染损害海洋环境执法为重点，针对海洋石油勘探开发、海洋倾废、海洋自然保护区、海洋特别保护区、海洋生态监控区、重点排污口等领域，强化监督检查，严厉打击和依法查处重大海洋环境违法行为。

按照统一部署，海洋工程环境保护执法行动将重点完成海洋工程项目建设登记建档工作，实施新建、改建、扩建海洋工程建设项目动态环境保护执法监管，依法查处各类海洋工程环境违法行为；海洋石油勘探开发环境保护执法的重点任务，是对从事海洋石油勘探开发活动的平台、船只等的作业活动实施监督检查，同时以渤海为重点，建立海上石油勘探开发定期巡航制度，并开展海洋石油平台及附近海域环境监视，实施平台污染物排放的动态监控；海洋倾废执法的重点，是加强对海洋倾倒区及临时倾倒区的巡航监视，建立和执行获准倾倒废弃物装载之后的核实制度，重点对船舶倾废、海洋石油平台异地弃置活动实施监督检查；海洋生态保护执法重点开展国家级和省级海洋自然保护区、国家级海洋特别保护区以及海洋生态监控区执法检查；对于重点排污口，重点加强陆源污染物入海排污口和深海离岸排放排污口监视，建立重点排污口海洋环境监测、执法和管理信息通报制度。

中国海监总队2013年组织各级海监机构开展的“碧海2013”

2010 年 11 月，海南琼海市渔政部门在潭门港举行“珍爱海龟，保护海洋”专项执法行动。图为执法人员出海放生没收的海龟。

专项执法行动成效显著，截至 2013 年底共立案 152 件，下发行政处罚决定书 138 件，结案 137 件，收缴罚款 1123.8 万元。

国家海洋局表示，在海洋工程建设项目执法中，海洋工程建设项目全程监管制度逐步建立。各级海监机构严格落实海洋工程项目日常监管责任制，全面跟踪辖区内海洋工程建设项目情况，不断完善海洋工程登记建档工作。全年检查项目基本都已建档登记，基本实现了对海洋工程建设项目从施工到运营的全程监管。

在海洋倾废执法中，各级海监机构始终保持高压态势，紧盯重点区域和重大疏浚项目，依托海洋倾废记录仪、卫星和视频监控等高科技手段，通过海上巡航、航空巡视、夜间伏击、岸边蹲守、登船检查等多种方式有针对性地开展执法。全年共查处倾废类案件

98 件，案件发生率比 2012 年明显下降。

据中国海监总队有关负责人介绍，中国海监总队将继续依托“碧海”系列行动平台，进一步拓展执法领域，全面推进海洋环境保护执法工作。

2013 年上半年，中国海监总队组织 3 个海区总队，对海上油气开采活动进行了全面的执法检查。2013 年 3 月 15 日至 6 月 5 日，北海总队开展了第 18 航次渤海定期巡航执法检查工作，航程 1841 海里，陆岸行程 2500 公里，航时 177 小时。其间，执法人员巡视海上油田矿区 36 个、平台 103 座、储油轮 6 艘、生态监控区及自然保护区 7 个、倾废区 7 个、海砂开采区 2 个，拍摄照片 130 张。

渤海定巡组对蓬莱“19–3”油田复产后的海上平台、储油轮、输油管道等目标进行了巡航监视。

同时，南海总队与东海总队也分别对各自辖区油气勘探开发活动进行了定期巡航执法检查。

在巡航执法检查中，海监队发现 4 起涉嫌违法行为。有的海上平台，海洋环境影响报告书未经海洋行政主管部门核准就擅自实施平台建设；有的平台环保设施未经海洋行政主管部门批准就擅自试运行。

巡航执法检查还发现一些海上石油平台没有标识；生活污水、钻井液、钻屑不及时送检；不及时提交海上油田防污染季度报表；没有溢油应急计划就进行钻井作业；平台生活污水处理装置负荷过大且排放超标；平台环保设施标签不清、溢油应急设备存放不够规范，终端处理厂防污记录没有填写。

中国海监部门对这些问题都依法进行了严肃处理。

海洋自然保护区的最佳实践

走可持续发展之路的广西山口红树林国家级自然保护区

广西山口红树林生态国家级自然保护区位于广西壮族自治区合浦县山口镇辖区内，保护区面积 8000 公顷，其中有林面积 806.2 公顷。1990 年 9 月，经中国国务院批准建立，是中国首批五个国家级海洋类型保护区之一。1992 年 3 月，在英罗湾马鞍半岛建立保护区管理站。1993 年，加入中国生物圈保护区网络。1994 年，被列为中国重要湿地。1997 年 5 月，与美国佛罗里达州鲁克利湾国家河口研究保护区建立姐妹保护区关系。2000 年 1 月，加入联合国教科文组织世界生物圈。2002 年 2 月 2 日，被列入国际重要湿地名录。

山口红树林保护区内的红树林是中国大陆海岸红树林典型代表，有木榄、秋茄等真红树 10 种，卤蕨、节槿等半红树 5 种。

枝繁叶茂的红树林为海洋生物和鸟类提供了一个理想的栖息环境。区内有浮游植物 96 种，底栖硅藻 158 种，鱼 82 种，贝 90 种，虾蟹 61 种，鸟类 132 种，昆虫 258 种，其他动物 26 种。附近海域是国家一级保护动物“美人鱼”儒艮、中华白海豚、文昌鱼和中国鲎等珍稀海洋动物栖息地，也是合浦珠母贝的繁殖区。

保护区坚持“养护为主，适度开发，持续发展”的保护方针，与国内外科研所、大专院校紧密合作，开展红树林科学研究，探索红树林资源合理的综合开发和持续利用途径，努力把保护区建成为红树林资源保护、研究、教学、国际交流、开发、旅游的基地。

保护区成立后，广西壮族自治区人民政府在《中华人民共和国自然保护区条例》及《海洋自然保护区管理办法》的基础上，结合山口红树林保护区的特点，制定并颁布了《山口红树林生态自然保护区管理办法》，保护区所在的合浦县人民政府还专门发布了《关于加强国家级山口红树林生态自然保护区管理的通告》，这些法规为管理保护区提供了法律依据。

保护区除建立了一支海洋监察队伍开展执法管理工作外，还设立了英罗和永安监察管理站，并聘用周边乡村的村干部作为保护区的兼职管护人员，建立起了一个从保护区管理处到村委会的管理体系。

建立保护区后，当地群众原来的一些生产生活方式受到了一定的影响。如何使群众认识建立保护区的意义，自觉地支持保护区的

广西山口红树林保护区

工作，是保护区的工作难点与重点之一。山口保护区管理处深入到乡镇和沿海村庄，利用发文件、出墙报、写标语、挂横额、贴广告和举行村干部座谈会等多种形式宣传有关法律法规，扩大社会对保护区的了解，提高全民的保护意识，使群众自觉参与红树林生态的保护工作。

1996 年 9 月 15 日，强台风正面袭击英罗港，停泊在林区外的 50 多艘渔船顷刻被台风暴潮打翻，22 人惨遭不幸，而停泊在林区潮沟内的另外 30 多艘渔船和船员却安然无恙。这一事件对群众起到了极大的教育作用，保护红树林已成为群众的自觉行动。如白沙镇那谭村委主动发动群众，自觉种植红树林 30 多公顷，以保护该村的虾蟹养殖场。

保护区还与所在社区融为一体，保护区建设事业与社区经济共同发展。保护区事业的不断发展，给周围的村庄和群众带来了益处。保护区的建设为附近社区提供了电力、交通灯等基础设施。保护区生态旅游业的发展,带动了当地个体客运业及其他相关产业的发展。同时借助红树林的天然庇护，也发展了养殖业。在合浦县党江镇和西场镇的红树林堤岸边，不时有人在林间放养鸡鸭和螃蟹。养殖户陈先生专门做过实验，在红树林里放养的鸭子比岸上养殖的鸭子下蛋多 7—8 倍。如今，红树林在当地不再只是一种植物，而是演化成为一个地方的地名、一个企业的名称或一个商行的名字，已有“红树林”牌果脯、红树林珍珠场、红树林餐馆、红树林中学等，山口也因为红树林而闻名广西内外。

山口保护区利用其奇妙、幽静、秀丽的自然生态环境开展生态旅游，使游客直接感性地获得关于生态系统、海岸地貌、海洋生物等方面的知识，在游嬉中接受海洋生态保护教育和科普教育。保护区被命名为“北海市科普教育基地”“广西科普教育基地”。随着旅游条件的改善，游客数量逐年增加。

过去，村民们环境保护的意识还不强，有村民砍伐红树林现象。通过 20 多年的宣传和教育，保护红树林成为管理部门和社区百姓共同的意愿。山口红树林保护区已经走上了一条社区发展和红树林保护共赢的良性发展道路，这也成为中国海洋保护区发展的一个缩影。

人与自然和谐相处：珠海淇澳—担杆岛省级自然保护区

珠海淇澳—担杆岛省级自然保护区，经广东省人民政府 2004 年 11 月批准建立，由珠海担杆岛猕猴省级自然保护区和珠海淇澳岛红树林市级自然保护区合并组成。

红树林自然保护区面积 5103.77 公顷，红树林面积 533.3 公顷，维管植物 695 种，野生动物 347 种，其中真红树植物有 15 种，半红树植物 9 种。生长在海滩上的红树林既是防风固沙、防波保堤的海上森林，也是鸟类和海洋生物栖息、繁衍的良好场所。作为中国三大候鸟迁徙路径之一，这个保护区里秋冬季栖息着数以万计 90 多个种类迁飞的候鸟。

猕猴保护区位于珠江口南部的伶仃洋与南中国海交界处，总面积 2270 公顷。岛上动植物资源丰富：有维管植物 438 种，野生动物 85 种，其中珍稀动植物 12 种；有国家三级保护植物 3 种，一级保护动物 1 种，二级保护动物 9 种。岛上盆景植物因长年受海风吹击，自然成型，千姿百态。上岛猕猴数量从 1982 年的不足 300 只，如今发展到已有 1300 多只，其中近 100 只经人工驯化，常与人逗乐，十分有趣。

到 2014 年，刘清伟已经在担杆岛和猕猴们称兄道弟 25 年了。这位担杆猕猴保护站的护林员和保育员，数十年来，和人类在一起的时间远远不及和猕猴在一起的时间。1989 年，刘清伟在珠海警备区服役期满。部队领导问他要不要去担杆岛工作，那里刚成立了保护区，需要有人去护林，不过生活挺艰苦的。刘清伟回答：“部队安排我去

珠海担杆岛猕猴保护区，刘清伟每天都要亲自喂猕猴，他已在保护区坚守了23年，而猕猴们也成了他的朋友。

哪里都行，我不怕辛苦。”“我确实没想到岛上那么的艰苦”，刘清伟说，“到那儿坐船要七八个小时，上了岸边，看到码头上只有一个人，到处都是芒草、大树，只有几十户流动渔民在那里打鱼。”

上了岛的刘清伟，两三年才回一次珠海市区。他每天的工作就是饲养保护区的猕猴，记录猕猴的成长过程、饮食习惯；防止不法分子盗猎猕猴和盗挖罗汉松等名贵树木。他说：“我一辈子都会做这件事，不会改变。”然而，他一辈子都会做的这件事，却是件艰苦的事、有生命危险的事。2013年的一次环查海岛，刘清伟遇到了八号台风，海浪随时有把船打翻的可能。刘清伟后来说：“海水把我全身都打湿了，浪头好像要把船送到天上。刚开始我紧张死了，后来稳定心情，最终熬了过来，把船开回到了岛上。”

对于猕猴，刘清伟有着无法割舍的感情，他说：“它们就好像是我的弟兄。”刘清伟长期观察记录猕猴的习性，积累了大量的研究数据和资料。他说：“天天这样观察它们，看到它们的喜怒哀乐，和它们的感情自然而然就产生了，还听得懂它们叽叽咕咕的语言。”正因为和猕猴有“交情”， 猕猴还救了刘清伟一命。有一次，一只猴子凑上来抓他捞到的鱼，抓到了鱼背部的刺，疼得不得了，在泥土上扒来扒去，后来它抓住了路边的植物滴水观音，用汁液抹爪子，过了一会儿就不龇牙咧嘴了。之后有一天，刘清伟不小心打破了一个马蜂窝，一群马蜂追着他狂叮猛咬。痛得快要昏过去的他，猛然想起了猕猴用过的滴水观音，他立刻试用，果然管用。被马蜂那么咬过的人，十有九死，是猕猴和滴水观音救了他一命。

现在，猕猴数量也已经从 200 多只增长到了 1000 多只。

从刘清伟的故事中，人们能够看出，中国在保护海洋、海岛自然资源方面所做的长久而又艰苦的努力。

大海中展现的未来

——中国的海洋可持续发展

海洋可持续发展历程

世界的海洋可持续发展历程

早期的环境运动与环保著作将环境危害展现在世人面前，使社会认识到环境问题的存在，形成了现代社会讨论和解决环境问题的氛围，为世界可持续发展概念的提出奠定了基础。

环境污染作为一个社会问题进入公众视野是从 1962 年《寂静的春天》一书开始的，该书通过揭示农药的危害引发了人们对环境问题的热议。十年之后，罗马俱乐部发布《增长的极限》，预言人类经济增长的极限将在不远的未来到来，使人们首次认识到地球系统支撑作用的限制，挑战了传统的增长观。这两部振聋发聩的作品带动了一系列的环保著作与活动，逐步形成控制污染、保护环境的社会舆论。

在这一基础上，1987 年世界环境与发展委员会在《我们共同的未来》中提出了可持续发展的概念，认为当代社会的发展应当是“满足当代人的需求而又不损害子孙后代发展的需要”。之后，以三次世界可持续发展大会为标志，可持续发展理念得到了进一步的确认和发展，并且通过会议成果文件——《21 世纪议程》《可持续发展问题世界首脑会议执行计划》《我们憧憬的未来》等，将可持续发展理念落实为行动计划。

海洋是世界可持续发展的重要方面。

1992 年里约联合国环境与发展大会

1992 年里约联合国环境与发展大会

可持续发展作为指导国际社会经济和社会环境发展的原则得以确立，始于 1992 年在里约召开的联合国环境与发展大会，又称“地球会议”。会议的宗旨是回顾第一次人类环境大会召开后 20 年来全球环境保护的历程，敦促各国政府和公众采取积极措施协调合作，防止环境污染和生态恶化，为保护人类生存环境而共同做出努力。

会议通过了《里约环境与发展宣言》《21 世纪议程》《关于森林问题的原则声明》等重要文件，并开放签署了联合国《气候变化框架公约》、联合国《生物多样性公约》，反映了关于环境与发展领域合作的全球共识和最高级别的政治承诺。会议通过的重要文件《里约环境与发展宣言》明确提出了实施可持续发展战略，并规定了共同但有区别的责任、优先考虑发展中国家的情况和需要等几项重要原则，提出了环境管理的主要原则和制度。《里约环境与发展宣言》标志着可持续发展作为一项国际共识得到认可，并且建立了环境与发展领域的国际合作秩序。

里约峰会的另一项重要成果是通过了《21 世纪议程》。《21 世纪议程》提出了 21 世纪在全球实现可持续发展的行动蓝图，为采取措施保障人们共同的未来提供了一个全球性框架，具有划时代的意义。

《21 世纪议程》第 17 章专门阐释“保护大洋和各种海洋，包括封闭和半封闭海以及沿海区，并保护、合理利用和开发其生物资源”的行动举措，把海洋可持续发展落实到政策措施层面，对各国的海洋环境保护与资源管理有重要的指导意义。

2002 年南非约翰内斯堡可持续发展世界首脑大会

南非约翰内斯堡可持续发展世界首脑会议于 2002 年 8 月 26 日至 9 月 4 日召开。大会通过了《约翰内斯堡可持续发展声明》和《可持续发展问题世界首脑会议执行计划》两个决议。

决议规定，大洋、各种海洋、岛屿和沿岸地区是地球生态系统的完整和必要的组成部分，是全球粮食安全、可持续经济繁荣和许多国家经济体，尤其是发展中国家的幸福的关键。保证海洋的可持续发展需要有关机构在全球和区域两级进行有效协调和合作，并在各级采取行动。

2012 年联合国可持续发展会议（“里约 +20”峰会）

联合国可持续发展大会于 2012 年 6 月在巴西召开，由于该次会议是在 1992 年里约峰会 20 年之后召开的，旨在重申里约峰会确立的可持续发展原则，又被称为“里约 +20”峰会。

“里约 +20”峰会通过了题为《我们憧憬的未来》成果文件。该文件重申里约峰会确定的关于可持续发展的重要原则，继续将里约原则作为国际社会合作、协调和落实商定承诺的基础。同时，“里约 +20”峰会还评估了实现可持续发展过程中取得的成就与面临的不足，总结各国可持续发展进程中面临的新挑战，并提出应对各类挑战的措施。

海洋是联合国确定的“里约 +20”峰会七大关键领域（就业、能源、城市、食品、水、海洋、灾害）之一。“里约 +20”峰会指出了海洋对于世界可持续发展具有至关重要的地位，认为海洋是“里约 +20”峰会成果文件的行动框架和后续行动的重要领域。成果文件《我们憧憬的未来》认为，“海洋和沿海地区构成地球生态系统中的一个重要有机组成部分，对于地球生态系统维系至关重要”。

历经三次世界可持续发展大会的推进，通过世界各国实践可持续发展原则、执行《21 世纪议程》的行动，可持续发展这一共识在各个领域都有了长足的发展，可持续发展的内涵也不断丰富。在海洋可持续发展领域，随着各国对海洋开发力度的加大和通过海洋科学研究对海洋了解的增进，蓝色经济、公海保护、应对气候变化等主题成为新的热点。

中国海洋可持续发展的步伐

2014 年 3 月，由中国天津市承担的 4 个海洋公益性行业科研专项经费项目启动。这 4 个海洋公益性行业科研专项经费项目涉及海水淡化、海洋化工、海洋监测观测、海洋环境保护等多个领域。

为推进天津海洋经济科学发展示范区建设工作，中国国家海洋局把天津市列为年度海洋公益性专项重大项目单位，动用总额近 8000 万元资金支持项目。

环境保护和可持续发展目前是中国政府的重要政策。从 20 世纪 70 年代开始，中国就把“减少环境污染和保护自然资源”作为国家政策的优先领域。特别是 90 年代，环境保护被列为国家的一项基本国策。

中国政府积极参与世界可持续发展的进程，分别参加了 1972 年斯德哥尔摩人类环境会议、1992 年里约环境与发展大会、2002 年南非约翰内斯堡可持续发展首脑峰会和 2012 年“里约 +20”峰会等四次大会。1994 年中国政府发布《中国 21 世纪议程》，1996 年可持续发展被正式确定为中国的基本发展战略之一，可持续发展从科学共识转变为政府工作的重要内容和具体行动。

2010 年 6 月，由中国 21 世纪议程管理中心、美国气候项目组织、中美可持续发展中心共同主办的“应对气候变化培训”在北京开幕。

从 1996 年《中国海洋 21 世纪议程》实施至今，中国海洋可持续发展走过了近 20 年的历程。这 20 年正是中国经济社会发展转型的时期。小康社会、和谐社会、环境友好和资源节约型社会、生态文明等体现可持续发展思想的哲学观、发展观、战略观相继提出，加快了中国可持续发展进程。进入 21 世纪，中国政府更加重视海洋事业发展，海洋逐渐成为国民经济和社会发展的优先领域。可持续发展政策也不断完善，海洋可持续发展能力稳步提升。

《中国 21 世纪议程》宣示中国走可持续发展的道路，《中国海洋 21 世纪议程》将海洋可持续发展确立为中国海洋事业发展的指导思想之一，《中国海洋事业的发展白皮书》集中阐释了中国海洋可持续发展战略的基本思路，据此提出了中国海洋事业发展的基本政策和原则。在此基础上，国民经济和社会发展第十个、十一个和十二个五年计划纲要对中国海洋事业的发展做出了重要部署，将海洋可持续发展战略落实在政府的各项工作中。

《中国 21 世纪议程》

1992 年联合国环境与发展大会后，中国政府于 1994 年 3 月发布《中国 21 世纪议程》——中国 21 世纪人口、环境与发展白皮书。《中国 21 世纪议程》是根据中国国情编制的与联合国《21 世纪议程》相呼应的政策文件，是中国落实可持续发展原则的重要依据。同时《中国 21 世纪议程》广泛吸纳了当时政府各部门正在实施的或准备组织实施的行动计划，具有很强的可操作性，也是中国建设可持续发展路径的核心文件。

在序言中，白皮书开宗明义地提出了可持续发展的战略地位：制定和实施《中国 21 世纪议程》，走可持续发展之路，是中国在未来和下一世纪发展的自身需要和必然选择。在内容上，《中国 21 世纪议程》共设 20 章、78 个方案领域，包括可持续发展总体战略、社会可持续发展、经济可持续发展、资源与环境的合理利用与保护四个方面的主要内容，内容覆盖了中国人口、经济、社会、资源、环境等方方面面。在资源与环境的合理利用与保护方面，白皮书将“海洋资源的可持续开发与保护”作为重要的行动领域，提出要健全国家海洋资源综合管理机制，保护海洋生物资源，开发和保护海岸带、海岛资源，建设海洋科学技术与示范工程等。

作为中国第一份系统宣示可持续发展战略的政策文件，《中国 21 世纪议程》中包含了海洋资源开发与保护方面的内容，将海洋领域作为中国可持续发展的重要行动领域，是中国实施海洋可持续发展的高层级政策依据。

《中国海洋 21 世纪议程》

为了在海洋领域更好地贯彻《中国 21 世纪议程》，促进海洋的可持续开发利用，中国政府在 1996 年发布了《中国海洋 21 世纪议程》。该议程是《中国 21 世纪议程》在海洋领域的深化和具体体现，阐明了海洋可持续发展的基本战略、战略目标、基本对策，以及主要行动领域，可作为海洋可持续开发利用的政策指南。

《中国海洋21世纪议程》把海洋可持续利用和海洋事业协调发展作为21世纪中国海洋工作的指导思想。为了贯彻这一指导思想，文件继续提出若干基本对策：引导海洋产业遵循可持续发展的原则建立和发展；把海洋开发与沿海地区的社会、经济可持续发展联系在一起，通过有计划、有方向的海洋开发活动，逐步解决沿海地区社会、经济发展中的重大制约问题；促进沿海岛屿的可持续发展，把沿海岛屿的开发利用和保护与整个国民经济建设和沿海地区的可持续发展结合起来考虑；保护海洋生物资源可持续利用；科技进步促进海洋可持续开发利用；建立海洋综合管理体系；保护海洋环境；加强海洋观测、预报、预警和减灾工作；加强国际合作；促进海洋事业的公众参与。

在《中国海洋21世纪议程》中，海洋生物资源养护与管理、海洋自然保护区建设、陆源污染物控制等行动都已经包含在内，是海洋资源与环境的合理利用与保护领域的综合性纲领。

《中国海洋事业的发展》白皮书

早在1998年5月28日，中国国务院新闻办公室就发表了《中国海洋事业的发展》白皮书，进一步推动海洋可持续发展战略的实施。

这份1.2万余字的白皮书共从六个方面对中国的海洋事业进行了阐述：海洋可持续发展战略、合理开发利用海洋资源、保护和保全海洋环境、发展海洋科学技术和教育、实施海洋综合管理、海洋事务的国际合作。

“海洋”白皮书指出，中国作为一个发展中的沿海大国，国民经济要持续发展，必须把海洋的开发和保护作为一项长期的战略任务，依据海洋资源的承载能力进行综合开发利用，以促进海洋产业的协调发展。

“海洋”白皮书阐释了海洋可持续发展战略的基本思路，提出了中国海洋事业发展中的基本政策和原则：维护国际海洋新秩序和国家海洋权益；统筹规划海洋的开发和整治；合理利用海洋资源，促进海洋产业协调发展；海洋资源开发和海洋环境保护同步规划、同步实施；加强海洋科学技术研究与开发；建立海洋综合管理制度；积极参与海洋领域的国际合作。

“海洋”白皮书肯定了中国在合理开发利用海洋资源、促进产业协调发展方面的作用：中国不断改造海洋捕捞业、运输业和海水制盐业等传统产业；大力发展海洋增养殖业、油气业、旅游业和医药业等新兴产业；积极勘探新的可开发海洋资源，促进深海采矿、海水综合利用、海洋能发电等潜在海洋产业的形成和发展。

“海洋”白皮书还介绍了中国在保护和保全海洋环境方面开展的工作，说明中国逐步建立了海洋环境保护机构和海洋环境保护法规体系，在控制陆源污染、防止船舶和港口污染、防止石油开发污染、加强海洋倾废管理方面取得重大进展。

总体来说，“海洋”白皮书重申了海洋可持续发展战略，并对中国开展的海洋资源和环境保护的具体情况进行了介绍，是综合阐明海洋可持续发展战略和行动的重要文件。

“海洋”国民经济和社会发展计划和规划

《国民经济和社会发展第十个五年计划纲要》（2001）提出了发展海洋事业的方向：“加大海洋资源调查、开发、保护和管理力度，加强海洋利用技术研究开发，发展海洋产业。加强海域利用和管理，维护国家海洋权益。”

《国民经济和社会发展第十一个五年规划纲要》（2006）首次将海洋以专章形式列入，明确提出要强化海洋意识，维护海洋权益，保护海洋生态，开发海洋资源，实施海洋综合管理，促进海洋经济发展。规划纲要还提出治理渤海、长江口、珠江口等重点海洋环境，保护红树林、滨海湿地和珊瑚礁等海岸带生态系统等具体的海洋环境保护措施，明显加强了对海洋环境保护的政策指导。

《国民经济和社会发展第十二个五年规划纲要》（2011）第

《国民经济和社会发展“十二五”规划纲要》关于海洋的部署

坚持陆海统筹，制定和实施海洋发展战略，提高海洋开发、控制、综合管理能力。科学规划海洋经济发展，合理开发利用海洋资源，积极发展海洋油气、海洋运输、海洋渔业、滨海旅游等产业，培育壮大海洋生物医药、海水综合利用、海洋工程装备制造等新兴产业。

加强海洋基础性、前瞻性、关键性技术研发，提高海洋科技水平，增强海洋开发利用能力。深化港口岸线资源整合和优化港口布局。制定实施海洋主体功能区规划，优化海洋经济空间布局。推进山东、浙江、广东等海洋经济发展试点。

加强统筹协调，完善海洋管理体制。强化海域和海岛管理，健全海域使用权市场机制，推进海岛保护利用，扶持边远海岛发展。统筹海洋环境保护与陆源污染防治，加强海洋生态系统保护和修复。控制近海资源过度开发，加强围填海管理，严格规范无居民海岛利用活动。完善海洋防灾减灾体系，增强海上突发事件应急处置能力。

加强海洋综合调查与测绘工作，积极开展极地、大洋科学考察。完善涉海法律法规和政策，加大海洋执法力度，维护海洋资源开发秩序。加强双边多边海洋事务磋商，积极参与国际海洋事务，保障海上运输通道安全，维护中国海洋权益。

十四章提出“推进海洋经济发展”，并分“优化海洋产业结构”和“加强海洋综合管理”两节阐述。

世界海洋环境保护行动的组织者和参与者

中国支持并积极参与国际海洋环境保护事务，先后加入并批准了一系列海洋环境保护国际公约，并切实履行相关国际义务。例如，《关于特别是作为水禽栖息地的国际重要湿地公约》要求各缔约国应指定其领土内适当湿地列入《国际重要湿地名录》，并给予充分、有效的保护。中国已将海南东寨港红树林自然保护区、上海崇明东滩自然保护区、辽宁斑海豹自然保护区、湛江红树林国家级自然保护区、惠东港口海龟国家级自然保护区、山口国家级红树林自然保护区、盐城沿海滩涂湿地、辽宁双台河口湿地、北仑河口国家级自

中国参加的主要海洋生态环境保护国际公约	
1.	《联合国海洋法公约》
2.	《生物多样性公约》
3.	《防止倾倒废物和其他物质污染海洋的公约》
4.	《关于特别是作为水禽栖息地的国际重要湿地公约》
5.	《关于环境保护的南极条约议定书》
6.	《1969 年国际油污损害民事责任公约》
7.	《1973/1978 年国际防止船舶造成污染公约》
8.	《控制危险废物越境转移及其处置的巴塞尔公约》
9.	《1990 年国际油污防备、反应和合作公约》
10.	《修正 1969 年国际油污损害民事责任公约的 1992 年议定书》

然保护区、漳江口红树林国家级自然保护区等滨海湿地列入国际重要湿地名录，并采取了相应管理措施。

中国参与海洋生态环境保护国际合作主要有三种方式，第一是与周边或其他沿海国家政府间的双边或多边合作，第二是与联合国环境规划署、联合国开发计划署、国际海事组织等国际组织的合作，第三是与沿海国家海洋环境研究机构、高等院校等开展多种形式的合作。

中国参加的国际海洋生态环境保护项目主要有“扭转南海及泰国湾环境退化趋势项目”“东亚海环境管理伙伴关系地区计划”“西北太平洋海洋和沿岸地区环境保护、管理和开发的行动计划”“黄海大海洋生态系项目”“中国南海沿海地区生物多样性管理项目”等。

扭转南海及泰国湾环境退化趋势项目是由南海周边的中国、越南、柬埔寨、泰国、马来西亚、印度尼西亚、菲律宾等 7 国共同发起，联合国环境署组织实施，全球环境基金提供资助的海洋环境保护大型区域合作项目。项目的总目标是：在区域层面上创造合作与参加氛围，解决南海环境问题；在参与各方间和各个层面上培养与鼓励各方合作并参与；加强项目各参加国将环境考虑纳入国家发展计划中的能力。项目中期目标是：在政府间层面上，制定目标明确、费用合理、可操作性强的长远策略行动计划并达成一致；解决南海海洋与海岸带环境优先问题与担忧。

项目实施内容包括红树林、珊瑚礁、海草、湿地、渔业资源与陆源污染控制 6 个专题，中国参加红树林、海草、湿地与陆源污染控制 4 个专题。本项目各参加国之间采取协调行动，共同保护南海环境，使南海地区的社会、经济与环境可持续协调发展。项目计划周期为 5 年，2002 年 3 月开始由当时的国家环保总局牵头实施。

东亚海环境管理伙伴关系地区计划（简称东亚海项目）是由全球环境基金资助、联合国开发计划署组织实施的环境管理类项目，主要面向东亚各国。东亚海项目目前执行了三期，中国参加了所有三期项目。第一期项目是防止东亚海域环境污染计划（1994—1999 年），项目在中国厦门设立了示范区；第二期是建立东亚海域环境管理伙伴关系计划（2000—2006 年），主要内容是解决跨行政管

2006 年 12 月，东亚海 11 国部长在南海琼州海峡一艘海事搜救船上共同签署《海口宣言：东亚海可持续发展战略伙伴关系》。

理边界的热点海域的环境管理问题，在环境管理中建立相关部门间的合作伙伴关系，项目在辽宁省、河北省、山东省、天津市和厦门市设立了示范区；第三期是实施东亚海可持续发展战略（2008—2011 年），在辽宁省、河北省、山东省、天津市和厦门市以及中国的 10 个海岸带综合管理平行示范城市实施。

西北太平洋海洋和沿岸地区环境保护、管理和开发的行动计划（简称西北太平洋项目）是联合国环境规划署区域海洋项目的一个组成部分。中国参加了其中 6 个项目，分别为：综合性数据库和管理信息系统项目，区域内国家环境政策、法规与战略项目，近海与沿岸及相关淡水环境监测和评价项目，海上油污染防备与应急反应项目，海洋环境保护公众宣传教育项目，保护海洋环境免受陆上活动污染项目。

黄海大海洋生态系项目是由全球环境基金资助，联合国开发计划署实施，由中韩两国共同执行的地区项目。项目是通过跨边界诊断分析，确定黄海大海洋生态系所面临的问题，形成国家和区域的黄海战略行动计划，并推动区域战略行动计划的实施，以有效地减轻该海域所承受的社会、经济发展带来的压力，推进对黄海大海洋生态系的可持续利用和管理，促进黄海周边国家社会、经济的发展。

中国南部沿海地区生物多样性管理项目（简称南海生物多样性项目）是由全球环境基金资助，联合国开发计划署执行，国家海洋局实施的项目。美国国家海洋与大气管理局提供部分资金和技术支持。项目在中国东南 5 个省区设立了 4 个示范区执行，分别是浙江南麂列岛国家级海洋自然保护区、跨福建—广东边界的东山—南澳生物洄游走廊示范区、广西山口—涠洲岛多种生态复合区和海南三亚珊瑚礁国家级自然保护区。项目预期在示范区发展生态旅游、控制陆地和沿海地区的污染、修复珊瑚礁和红树林海洋生态系统、提高地方政府官员和居民保护生物多样性的意识、强化省际良好合作协调机制等，以提高中国沿海地区保护海洋生物多样性的能力。

中国海洋可持续发展的能力

海洋可持续发展的实质就是海洋经济、社会、环境资源等三个支柱的协调发展。海洋可持续发展战略的实施，在中国尤其是沿海地区发挥了巨大的经济、社会和环境效益，这促使中国海洋可持续发展能力不断提升。

主要海洋资源获得能力不断增强

随着海洋科技的快速发展，中国海洋资源对可持续发展的基础支撑能力不断增强。

海洋油气资源

近 30 年来，中国科技创新助力海洋石油高速发展，已经具备了 3000 米水深以内的勘探开发工程建造能力。2012 年 981 深水钻井平台的下水，标志着中国海油具备一定的深水勘探开发能力。到 2010 年底，近海累计发现原油地质储量 49 亿吨油当量。

天然气水合物

中国海域具有广阔的天然气水合物资源前景，目前已在南海陆坡圈定 6 个天然气水合物资源远景区，预测远景资源量达 744 亿吨油当量。

海洋可再生能源

除台湾省外，中国近海海洋可再生能源总蕴藏量为 15.80 亿千瓦，总技术可装机容量为 6.47 亿千瓦。

海洋生物资源

中国近海海洋生物资源丰富。目前，近海捕捞保持基本稳定，远洋渔业资源开发不断壮大，水产增养殖成就显著，海洋药物资源开发方兴未艾。中国具有潜在开发价值的海水养殖区面积170.78万公顷。

海水资源

中国海水淡化研发取得关键性进展，基本形成了以低温多效蒸馏和反渗透两大主流技术为主的产业发展格局。目前全国海水淡化能力（工程总规模）为90万吨/日。

国际海域资源

国际海底区域和公海蕴含丰富的资源，目前已探知的主要种类有多金属结核、富钴结壳、多金属硫化物、天然气水合物、稀土等，部分矿产储量是陆地上储量的数十倍。中国积极参与国际海底区域

国内首套3000米深水钻井防喷器组，在2013年北京第十三届国际石油石化装备展览会上被评选为该届展览会创新金奖产品。

的矿产资源调查勘探。2001 年中国获得 7.5 万平方千米的多金属结核优先勘探开发权，2010 年又在西南印度洋获得 1 万平方千米多金属硫化物资源矿区的专属勘探权和优先开采权，2013 年又在西北太平洋获得了 3 千平方千米的富钴结壳矿区的专属勘探权和优先开采权。

海洋经济持续较快增长

东部沿海地区是中国经济最为发达地区，经济发展迅速。2012 年沿海 11 个省市自治区的国内生产总值超过 31 万亿元，占同期全国 GDP 的 60% 以上。区域经济持续健康发展为中国实施海洋开发、发展海洋经济提供了强有力的支撑。

近年来，海洋经济呈现出又好又快的发展局面。海洋生产总值

中国海洋生产总值增长变化（2006—2012 年）

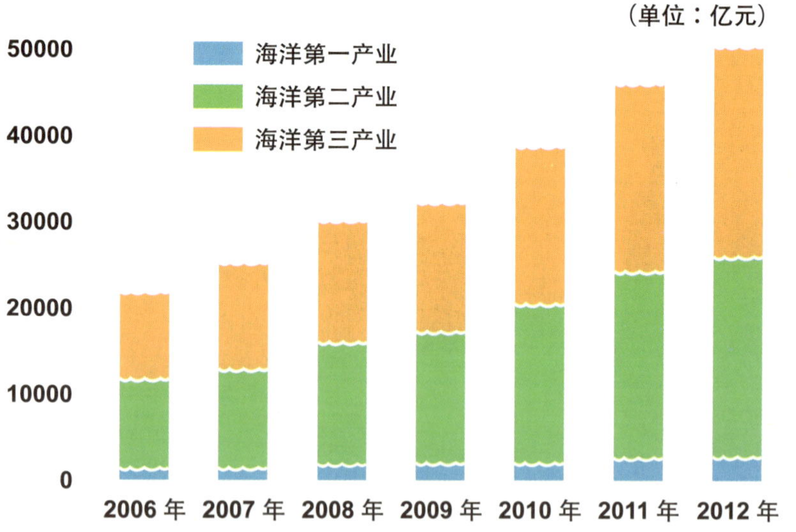

（数据来源：国家海洋局《中国海洋统计年鉴》，（2006—2012 年），海洋经济统计公报，2012 年）

海洋经济对国民经济贡献变化（2001—2012 年）

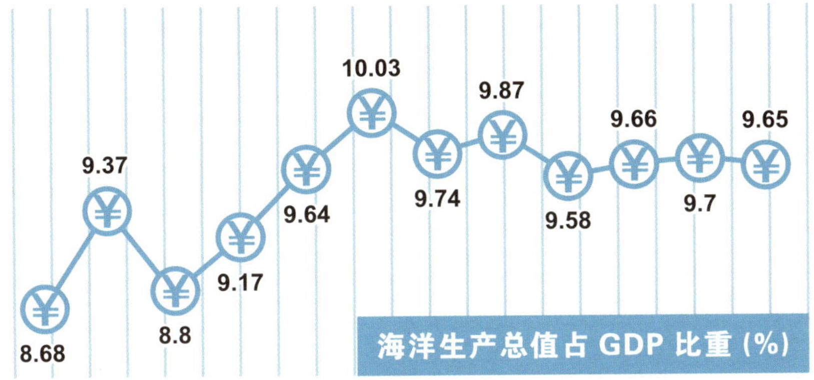

（数据来源：国家海洋局《中国海洋统计年鉴》，（2002—2012 年），海洋经济统计公报，2012 年）

迅速增长，从 2006 年的 21592 亿元增加到 2012 年的 50087 亿元，高于同期国民经济增长速率，在国民经济中的比重达到 9.6%。海洋经济全面发展，海洋经济实力显著增强。形成了以海洋渔业、海洋交通运输、滨海旅游、海洋油气、海洋船舶为主导，以海洋化工、海洋工程建筑、海洋生物医药、海洋科教服务等为重要支撑，优势突出相对完整的产业体系。

海洋经济发展方式趋于合理，区域布局逐渐形成。经过多年的发展，以环渤海、长三角、珠三角经济区为主体的海洋经济发展沿海空间布局基本形成。各区根据自身优势，发展出各具特点的海洋经济类型。各省市积极制定相关规划，建设有特色的海洋经济区，例如山东省以《山东半岛蓝色经济区发展规划》为指导；天津市以《天津滨海新区综合配套改革试验总体方案》为依据，建立起以天津港为依托，以先进制造业、高新技术产业为基础，以现代金融、商贸物流为特色的滨海新区。

海洋生态环境保护付诸实效

近年来，尤其进入21世纪以来，中国在生态环境保护，包括海洋生态环境保护方面，采取了一系列重大举措，取得了实效。

陆地“环保风暴”

刚刚进入2005年不久，中国国家环保总局叫停了30个总投资达1179亿多元的在建项目。1月24日，国家环保总局宣布，被叫停的项目中有22个已经停建整改，但仍有8个违法项目继续我行我素。于是，环保总局向包括中国三峡总公司在内的企业发出了严厉警告，要求限期整改。2月2日，环保总局再次宣布，剩余的8个项目已经全部停工整改。国家环保总局副局长潘岳说：“查处违法违规项目，国家环保总局决不手软！”

此举被中外媒体称为中国的“环保风暴”。中国中央电视台进行的民意调查显示，52%的被调查者认为风暴应刮得更早些。

这是中国首次大规模对外公布违法开工项目，它凸显出中国政府从源头遏制污染、实现可持续发展的决心。而这一决心也早已经从陆地推广到了海洋。

在作为发展中国家的中国，海洋生态保护从来就不是一件轻而易举的事。但是，中国正以自己的努力，向自己和世界证明保护海洋生态的决心和成就。

海洋生态红线制度

2014年，中国国家海洋局召开了全国海洋生态环境保护工作会议。会上，一些省市总结了海洋生态红线划定工作的经验。

在中国，划定和严守海洋生态红线，是用法治思维处理保护与开发的关系，用制度落实保护与开发并重的一种管理战略方针。这一安排将为维护海洋生态健康、生态安全提供制度保障。

2012年10月，中国国家海洋局提出要建立渤海海域生态红线制度，加强渤海环境保护工作，山东省迅速做出了反馈，成为中国第一个推进建立海洋生态红线制度的省份。

2013年11月22日，山东省人民政府常务会专门研究海洋生态红线制度，同意在渤海管辖区建立并实施该制度。12月13日，山东省人民政府办公厅正式行文，发布《关于建立实施渤海海洋生态红线制度的意见》。与山东渤海生态红线制度一起建立的，还有为实施该制度而确立的省政府联席会议。

顶层设计。有关部门的调查表明，山东省的迅速落实和山东省的主要领导的重视有关。而在这之前，中国国务院确定了“确保渤海生态安全，入海污染物排放总量下降，力争渤海近海海域水质总体改善，力争实现人海和谐”的工作目标。“划定生态红线”“最严格的环境保护政策”，这些强有力的表述，彰显了中央政府对在渤海划定生态红线的坚决态度，正是有了这样的顶层设计，才有了后来山东省生态红线制度建设的有力推动。

山东蓬莱，游客在胶东半岛海滨国家重点风景名胜区——蓬莱阁景区参观游览。

关键在落实。划定海洋生态红线不是目的，最关键的是划定之后的管理如何落实。而这既需要有总量的保障，还需要建立监测网络或监测平台，建立分级管理的长效机制。

以山东省为例。山东省海洋生态红线制度一共划定红线区73个，其中禁止开发区23个，限制开发区50个，红线区总面积6534.42平方千米。同时，山东对红线区提出了几项主要目标：海洋生态红线区面积占管辖海域面积的比例不低于40%；自然岸线保有率不低于40%；到2020年，海洋生态红线区内海水水质达标率不低于80%，海洋生态红线区陆源入海直排口污染物排放达标率达到100%，陆源污染物入海总量减少10%—15%。

这些指标都需要在红线区规划期内，通过管理和控制实现，都是硬指标。划定红线肯定会牺牲一部分人或一部分地区的发展机会。

山东将加强红线区内保护区管理和典型生态系统保护，实施生态整治修复工程，开展海岸带综合治理，坚持集中集约用海，严格红线区用海管控；加强入海河流和排污口管理，加强污染物排放管控，调整优化产业布局；构建、完善监视监测网络与评价体系，加强红线区环境监督执法，加强赤潮等灾害防治和溢油污染事故应急处置。这些措施从保护与修复并重、严格监管污染排放、加强监视监测执法监督等方面，对红线制度的落实给予了网格化的管控。

“加强污染物排放管控，这项工作难度大。”山东省海洋生态环境保护方面的一位官员说，“我们希望能依托省政府联席会议机制，与各涉海省份、部门协调推进；落实实施目标和任务的责任主体——环渤海各级政府，将目标和任务分解到具体单位，推进制度有效实施；逐步建立海洋生态红线区生态评价制度，突显红线区的保护价值；希望能将红线区主要指标落实情况加入县级以上政府主要负责人的考核列表；鼓励、引导企业和民间资本投入，完善公众参与机制。”

2013 年 6 月，中国海事局组织环渤海海域的山东、河北、天津、辽宁海事力量在渤海海域开展联合执法行动，整治该海域存在的非法、违法砂石运输现象。

重大进展

近年来，中国高度重视海洋环境保护工作，坚持陆海统筹、河海兼顾的原则，不断完善海洋环境保护法律制度，强化海洋污染防治和海洋生物多样性保护。海洋环境保护制度支撑体系不断完善；业务化环境监测体系不断拓展，陆源海洋环境污染综合整治工作继续得到强化，防止和控制海上活动对海洋环境的污染损害、应对气候变化与防灾减灾能力快速提升。在沿海地区经济高速发展的背景下，近海污染恶化势头得到初步遏制，局部海区环境质量得到改善，重要海洋生态系统得到有效保护。

近年来，中国海洋环境保护工作取得了重大的进展，比如：

（1）渤海蓬莱“19–3”油田溢油生态损害索赔成功，康菲公司和中国海洋石油公司总共支付生态损失赔偿、渔业资源赔偿和渤海环境修复项目支持款项 30.33 亿元。

（2）国家海洋局印发《关于建立渤海海洋生态红线制度的若

中国永暑礁气象观测站

干意见》，将重要海洋生态功能区、生态敏感区和生态脆弱区划定为重点管控区域并实施严格分类管控的制度安排。

（3）开展海洋生态文明示范区建设，贯彻落实党的十八大提出的关于“生态文明建设”的战略部署。

（4）中国逐步建立起气候变化观测网络。“十一五”期间（2006—2010年），中国完成了沿海70多个海洋观测站升级、5条海—气二氧化碳交换通量监测船舶改造，并且定期组织开展中国管辖海域20条断面的海—气二氧化碳交换通量监测工作。同时积极利用南北极考察和大洋调查进行走航观测，初步形成包含岸基（岛基）台站、浮标站位、船舶平台和卫星遥感在内的覆盖中国近海与部分重点大洋的海洋立体观测网络。

（5）为抵御台风、风暴等海洋灾害，中国积极建设防灾减灾体系。“十一五”期间，中国初步建立起覆盖国家、海区和各省（区、市）海洋部门的三级海洋灾害应急管理工作体系，海洋灾害观测预警和防范应对能力明显增强。为及时掌握海平面上升、海岸侵蚀和海水入侵的情况，中国对沿海 94 个验潮站的基准潮位和主要岸段警戒潮位进行了重新核定。

当然，中国的海洋环境保护工作还任重道远。

海洋科技实现突破

2012 年 6 月 27 日，中国深海载人潜水器“蛟龙号”最大下潜深度达 7062 米，创造了作业类载人潜水器新的世界纪录；海油“981”平台的投入使用，标志着中国深海技术发展的新突破。

2014 年 4 月，中国风能协会发布了《2013 年中国风电装机容量统计》。该统计显示，截至 2013 年底，中国已建成的海上风电项目共计 428.8 兆瓦。其中，潮间带风电装机容量达到 300.5 兆瓦，近海风电装机容量为 128.1 兆瓦。2013 年新增装机容量 39 兆瓦，同比降低 69%。

中国深海载人潜水器“蛟龙号”

应该说，中国海洋科技初步进入了协调发展时期，海洋科技整体实力显著增强，在部分领域达到国际先进水平，获国家奖励成果、论文和专利数量明显提高，海洋科技创新条件和环境明显改善，海洋科技队伍与基础条件平台框架基本形成，为海洋可持续发展提供了有力支撑。

进入“十二五”时期（2011—2015年），海洋科技投入稳定增加，海洋科技产出能力稳步提升，并不断取得新突破。

海洋综合管理体制初步建立

中国政府响应1992年联合国环境与发展大会《21世纪议程》的倡议，承诺建立海洋综合管理制度。21世纪以来，中国不断健全海洋管理体制，完善法律制度、强化执法管理，提升海洋综合管控能力。已经初步建立了较为完善的海洋政策和法律法规体系，以《海洋环境保护法》《海域使用管理法》《海岛法》和《渔业法》及其配套条例为核心的法律法规体系，为中国海洋可持续发展提供了强有力的法律保障。实施海洋开发、建设海洋强国，为国家发展战略对海洋综合管理制度的建立和完善提供了新的要求和新的机遇。

2013年，十二届全国人大一次会议决定重新组建海洋局，设立高层次的议事协调机构——国家海洋委员会，海洋综合管理体制得到极大改善。两级三类的海洋规划体系基本建立，标志了中国海洋综合管理以及经济与环境、科技的融合协调进入新阶段。广东、浙江、山东、福建四个经济区海洋经济发展规划的颁布和实施，也标志着中国陆海统筹机制的初步建立。

海洋产业支持地方就业和社区发展

2013 年，中国山东省烟台市主要海洋产业产值实现 2054.1 亿元，比上年增长 18.9%，占全市 GDP 的 17.3%，比上年提高了 1.6 个百分点。

其中，海洋生物制药、海水综合利用和海洋电力等新兴海洋产业更是快速增长。据统计，海洋渔业产值 684.8 亿元，比上年增长 13.6%；船舶及海洋机械制造业年增速达 45.2%；海洋生物制药业增速最快，比上年增长 83.47%。

海洋产业为中国沿海地区居民提供了重要的就业机会和收入来源。中国涉海就业人口从 2006 年的 2960 万人增加到 2011 年的 3420 万人，对地方就业的支持力度不断加大。

中国沿海地区涉海就业人数（2006—2011 年）

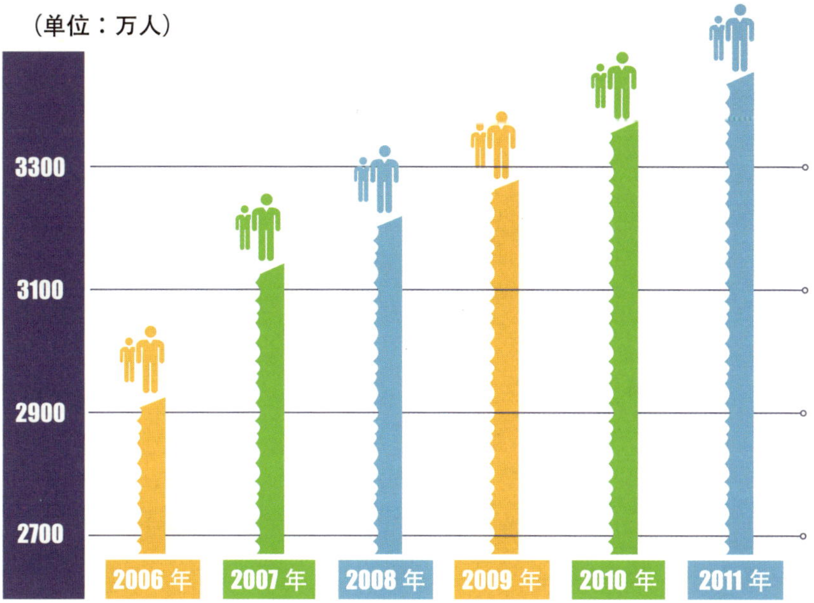

（数据来源：国家海洋局《中国海洋统计年鉴》）

在一些经济、社会发展较为落后的小岛上，当地人往往依赖海洋维持生计。随着海水养殖的普及和旅游业的发展，小规模的捕捞渔业、海水养殖和家庭观光服务成为当地居民的收入支柱。涉海经营使得偏远小岛的经济水平有所提高，居民收入水平普遍提高。随着国家政策的倾斜，一些偏远岛屿的基础设施建设显著改进，饮用水供应、电力供应和道路建设等关系着当地人生活水平的问题基本得到解决。

中国海洋可持续发展的路径

在中国，海洋产业发展正处于从经济增长点向主导产业方向迈进的关键阶段。中国的国家“十二五”（2011—2015年）规划纲要，将发展海洋经济作为国家“发展现代产业体系，提高核心竞争力”的战略重点。

未来几年，是中国发展海洋经济的重要战略机遇期，也是实现海洋经济发展方式转变的重要攻坚期。继续保持海洋经济持续快速发展是未来中国海洋可持续发展的核心任务。

毫无疑问，海洋经济已经成为中国国民经济最重要的组成部分和蕴藏无限可能的领域。

不过，正因为如此，中国海洋可持续发展存在的下述问题尤其不可忽视：一是从海洋开发模式上看，重近岸、轻远海，重资源开发、轻海洋生态效益，重眼前利益、轻长远谋划；二是从海洋开发区域布局来看，产业水平相近（同质）、产业结构趋同（同构），传统产业多、新兴产业少，高耗能产业多、低碳型产业少；三是重化工布局沿海，海洋/海岸带开发潜在环境风险高；四是气候变化已经成为人类可持续发展所面临的最严峻挑战之一，2012年仅风暴潮灾害的直接损失就达到126.29亿元。

提高海洋资源开发能力，发展海洋经济，保护海洋生态环境，是未来中国海洋可持续发展的基本方针。未来中国的可持续发展将走一条陆海统筹、以海富国、以海强国、人海和谐、合作发展之路。

海南三亚渔港，渔民喜获丰收。

促进海洋经济向主导产业方向迈进

海洋经济已经成为国民经济的新领域，海洋产业发展正处于从经济增长点向主导产业方向迈进的关键阶段。“十二五”规划纲要将发展海洋经济作为国家“发展现代产业体系，提高核心竞争力”的战略重点。未来几年是海洋经济大发展的重要战略机遇期，也是实现海洋经济发展方式转变的重要攻坚期。继续保持海洋经济持续快速发展是未来中国海洋可持续发展的核心任务。中国海洋经济的发展必须在国家总体经济发展战略框架下，顺应世界蓝色经济发展趋势，构建具有国际竞争力的现代海洋产业体系，推进海洋经济持续健康发展。

促进海洋经济向主导产业迈进，必须建立健康、有活力的海洋产业体系，应当升级改造传统产业，积极部署未来产业，提高科技创新和管理创新对海洋产业的支撑作用。

改造传统海洋产业

传统海洋产业作为中国国计民生的重要基石，具有举足轻重的作用。海洋渔业捕捞和养殖主要集中在近岸浅水海域，近海渔业资源捕捞量占总量的 90% 以上，渔业资源持续衰退、生产方式粗放、抵御自然灾害能力脆弱仍是制约发展的“瓶颈”。海洋油气的勘探与开采能力相对不足，深海采矿装备欠缺，海洋钻井平台及各种特殊船舶等高端产业研发和设计能力与先进国家存在差距。滨海旅游业的发展焕发出勃勃生机，但同质化明显与配套设施滞后是目前滨海旅游业发展所面临的主要问题。在航运业，存在着运力过剩的危机；造船业存在着产能过剩和技术必须创新的危机；港口建设面临着市场化和升级转型的课题；临港工业也面临着严峻的环保任务。提升、改造传统产业，是促进海洋经济健康发展必不可少的任务。

国电龙源电力江苏如东海上风电场的风电机组迎风旋转

面对波动中的造船市场，一些有远见的企业主开始做出改变。《中国产经新闻》记者赴上海外高桥造船有限公司采访时发现，为应对不可预测的市场，上海外高桥造船有限公司正采取措施努力推进公司业务结构转型和产品结构升级，采取成本集中战略和适度相关多元化战略，以顾客需求为导向，进入更多的造船、海工和非船细分市场领域，逐步优化公司产业和产品结构。

改造传统海洋产业，一方面需要生产主体的改革，另一方面也需要国家政策的引领和扶持。从2014年起到2016年，中国将对海洋工程装备产业实施“一揽子”扶持政策。为此，中国国家发展改革委、财政部、工业和信息化部等九部门联合编制了《海洋工程装备工程实施方案》。《方案》明确了六个方面的保障措施，其中财税措施最为给力，包括将企业部分研发费用扣除应纳税所得额，对关键零部件及原材料的关税和增值税优惠，以及使用国产首台（套）产品的风险补偿机制。

从战略高度部署海洋未来产业

在中国，对于已具备较强的技术基础和应用目标明确、对海洋经济发展具有重大带动性的海洋绿色生态养殖与水产品加工、海洋医药与生物制品、海水淡化与海水综合利用、海洋风电、海洋监测检测和信息服务等高技术加大扶持力度，尽快形成产能规模和新的经济增长点，已经是举国的共识和着力的重中之重。

加快培育海洋战略性新兴产业

2010年10月10日，中国国务院颁布了《关于加快培育和发展战略性新兴产业的决定》。该《决定》表明，战略性新兴产业是引导未来经济社会发展的重要力量。发展战略性新兴产业已成为世界主要国家抢占新一轮经济和科技发展制高点的重大战略。中国正处在全面建设小康社会的关键时期，必须按照科学发展观的要求，抓住机遇，

部分建成的舟山海洋科学城科技创意研发区

明确方向，突出重点，加快培育和发展战略性新兴产业。《决定》提出加快海洋生物技术及产品的研发和产业化；倡导面向海洋资源开发，大力发展海洋工程装备。该《决定》是中国发展未来产业的重要引导性政策，对海洋产业发展做出的部署也具有重要意义。

《决定》倡导着力发展的战略性新兴产业共有 7 类，分别是：节能环保、新一代信息技术、生物、高端装备制造、新能源、新材料以及新能源汽车产业。这 7 类产业大多数与海洋相关。培养和发展海洋战略性新兴产业，是促进建立完备的海洋产业体系，培养国民经济新增长点的重要途径。

重点推进海洋药物和新型海洋生物制品业

地球上 90% 的生物物种生活在海洋，种类超过 1 亿种，而目前鉴定和命名的生物还不到 2000 万种。对于人类的未来来说，研究与开发海洋药物和新型海洋生物制品是必由之路。

2012年12月底，中国国务院印发了《生物产业发展规划》，提出“加强海洋生物资源开发利用”，加快开发海洋特有的生物资源，大幅提升海水养殖新品种开发能力，加大力度推广应用新产品；加快海洋生物活性物质的开发应用，发展工业用酶、医用功能材料、生物分离材料、绿色农用生物制剂、创新药物等海洋新产品。

产、学、研结合是发展新型海洋生物制品产业的重要途径。2014年3月，中国第一个海洋微生物制剂产业开发平台在福建省诏安县金都海洋生物产业园开建，由国家海洋局第三海洋研究所负责建设，总投资4000万元，包含酶制剂与酶利用研发、活菌制剂研发、海洋微生物产业化共享设备3个平台。在建设期间，这个园区就将利用产业园现有平台，以海水养殖微生物制品的研发为突破口，与企业联合，形成产、学、研有机结合的链条，建立一套海洋微生物活菌制剂的生产工艺，编制相关质量与技术标准。这个项目有望突破中国海洋生物资源利用产业中一系列关键共性技术难题，推动海洋微生物制品、海洋寡糖等海洋高技术新兴产业的发展。

海洋高技术产业的百花齐放

2014年4月，中国国家发展改革委、国家海洋局决定在中国的广州、湛江、厦门、舟山、青岛、烟台、威海、天津8个城市开展国家海洋高技术产业基地试点工作。目的是通过试点推动海洋高技术产业高端发展、集聚发展，促进区域产业结构优化升级，加强高技术产业技术创新，壮大海洋高技术产业规模。

这8个城市在海洋高技术产业发展方面各有侧重：

直辖市天津市，将重点发展海洋高端装备制造、海水利用、深海战略资源勘探开发和海洋高技术服务、海洋医药与生物制品等产业。将建成5个省部级及以上海洋重点实验室、数个海洋技术研发中心或仪器装备检测中心，培育一批龙头企业。

2013年11月，山东省烟台市，中国自主设计建造、有完整知识产权的两座深水半潜式起重生活平台交付使用。

山东省的青岛市，将重点发展海水育种与健康养殖、海洋医药与生物制品、海洋高端装备制造、海洋可再生能源、深海战略资源勘探开发和海洋高技术服务业。几年内将基本建成区域性海洋新兴产业发展中心，以及具有世界先进水平的海洋科技教育人才中心。山东省威海市将重点发展海洋生物育种与健康养殖、海洋医药及生物制品两个产业。近年内将突破一批核心关键技术，海洋高技术产业体系基本形成。山东省的烟台市将重点发展海洋生物育种与健康养殖产业、海洋高端装备制造产业和海洋高技术服务业，形成以烟台东北海洋经济新区为核心的功能区，以数个特色产业基地和特色园区为支撑的“一核引领、基地支撑，园区突破、联动发展”的产业发展格局。

浙江省舟山市将大力发展海洋高端装备制造、海洋生物育种与健康养殖等重点产业，促进形成以舟山海洋科学为核心、以北部海洋科技成果转化带和南部海洋科技创新带为主体的空间布局。

福建省厦门市将以海洋医药与生物制品产业、海洋生物育种与健康养殖产业、海洋高端装备制造产业、海洋高技术服务产业为重点发展产业，形成以厦门海沧生物医药园区为核心基地、向南延伸到漳州、向北延伸至泉州的产业空间布局，培育形成1—2个销售收入超过20亿元、数个销售收入超过10亿元的海洋高技术企业。

广东省广州市将重点发展海洋高端装备制造、海洋医药和生物制品、海洋可再生能源等产业。山东省广东省湛江市将重点发展海洋生物育种和健康养殖等产业，将建成一批优势水产品苗种标准化生产示范区，建成2个海洋生物育种产业园区。

2013年12月，由浙江大学主持建设的国内首艘浮式海洋试验平台——“华家池”号科学调查船，通过专家组验收后正式交付使用。

2014 年江苏省盐城市大丰港海洋生物博览会。这是中国首次举办的海洋生物产业领域综合性展会，参展商囊括了海洋生物医药、海洋食品、海洋生态育种与养殖、海洋生物能源等领域的众多企业和科研机构。

以上试点城市有的依托重点实验室，有的基于已有海洋产业园区；有的重点发展新能源产业，有的侧重生态养殖。可以说，这 8 个试点城市是国家因地制宜，根据试点城市各自的海洋科研能力、海洋产业基础和资源禀赋，做出的重点突出、各有所长的高技术发展部署，目的是促进海洋高技术产业全面布局，百花齐放。

科学合理地提升海洋资源开发能力

科学合理地开发利用海洋，大力提升海洋资源开发能力，是实现海洋可持续发展的必然要求。未来中国必须顺应国际海洋开发的新趋势，构建海洋资源科学开发管理体系，既要注重提高海洋资源开发能力，促进绿色开发，提高海洋经济的国际竞争力；也要注重海洋开发空间格局的优化，统筹陆海资源配置、经济布局、环境整治和灾害防治；统筹开发强度与利用时序，统筹近岸开发与远海空间拓展。

中国作为海洋大国和经济大国，瞄准海洋领域的重大自然科学问题，加快基础研究，力争在知识创新上有所突破，对人类文明进步有所贡献，既是中国自身社会经济发展的必须，更是人类义不容辞的责任。这一必须和责任落实到行动上，就是以技术创新为先导，提升海洋基础性、前瞻性、关键性技术研究与转化能力。加强深海生物基因研究，提高海洋探测技术研究水平。加强海洋防灾减灾技术攻关，提高海洋预报的精度和水平。建设常态化的海洋综合调查保障机制，不断丰富和更新海洋基础数据和资料。

“风能资源等级区划”：提高海洋风能开发利用水平

为提高海洋开发利用能力，中国加大产、学、研联合攻关力度，攻克传统海洋产业改造升级、新兴海洋产业培育中遇到的技术瓶颈。围绕海洋油气勘探开发、远洋渔业捕捞、海水增养殖、海水综合利用、耐盐作物培育等重要海洋产业的关键技术，加大科技攻关力度，提高科技在海洋开发利用中的贡献率。

长期以来，能源瓶颈制约着中国沿海地区持续快速发展。因此，发挥沿海地区风能资源优势、进行海上风能资源开发具有重要的经济价值。由于海上风能的分布具有较强的区域性差异，大规模发展风电的基本原则，就是资源评价和规划先行，在风能资源详细勘察的基础上制定风电发展和电网配套建设规划，才能实现风能资源的有序开发利用。

2014 年 3 月，中国在海上风能资源评估方面取得了突破性进展：中国青年科学家郑崇伟、潘静历时 3 年，在世界上首次完成了覆盖全球海域的“风能资源等级区划”。

这项成果得到了国际能源类权威刊物《可再生与可持续能源评论》的认可。这表明，中国在海上风能资源评估方面走在了世

2014 年 4 月，河北省沧州市，具有中国自主知识产权、单台产能最大的海水淡化设备投产。

界前列。这项研究综合考虑风能密度的季节特征、能级频率、有效风速出现频率、风能密度的稳定性等各方面，首次实现了全球海域的风能资源系统性评估，可以为海上风力发电等提供科学依据，加速其由近岸走向深远海、边远海岛的步伐。

海马号：向深海、远海迅速挺进

《国家“十二五”海洋科学和技术发展规划纲要》提到：“海洋开发进入立体开发阶段，在深入开发利用传统海洋资源的同时，不断向深远海探索开发战略新资源和能源，大力拓展海洋经济发展空间。”深远海是未来海洋资源开发的重要潜力领域，是促进海洋经济发展和获取海洋利益的重要保障，为此，有必要大力发展深远海工程和海洋工业。

2014年2月20日至4月22日，中国自主研制的首台4500米级深海遥控无人潜水器作业系统——“海马号”ROV搭乘“海洋六号”综合科学考察船分三个航段在南海进行海上试验并通过验收。在水下机器人家族中，载人潜水器（HOV）、无人有缆潜水器（ROV）、无人无缆潜水器（AUV）是三类最重要的潜水器。“蛟龙号”属于载人潜水器（HOV）。ROV最大尺寸不足0.4米，重量不到40公斤，作业半径却可达100米，是深海探测的重要设备。此次“海马号”海试的成功，标志着中国全面掌握了大深度无人遥控潜水器的各项关键技术，并在关键技术国产化方面取得实质性的进展，是中国深海高技术领域继“蛟龙号”载人潜水器之后又一标志性成果，实现了中国在大深度无人遥控潜水器自主研发领域“零的突破”。

然而，“蛟龙号”和“海马号”的研制和实验性应用并不能改变中国海洋调查装备落后的现实。中国的深远海调查、开发能力与最先进国家存在不小的差距。目前，中国用于深海大洋科考的船只加起来不足10艘，且多数还是上了年纪的老船。从常用的调查仪

2014年6月，志愿者在福建省平潭岛龙风头海渔广场海滩开展“碧海银滩生态行”清洁海滩行动。

器到尖端的勘察系统，中国海洋调查装备很多都依赖进口。

为此，提升深远海资源开发能力显得更为紧迫。开展深远海调查和极地科学考察，开展深海资源勘探开发关键技术、系列深潜技术装备及其产业化研究，建立深远海环境监测网络体系、深海空间站、极地科考站、大型远洋调查船和极地考察船平台等正是中国发展海洋经济的中长期任务。通过深海高技术的创新发展辐射带动相关海洋技术的跨越式发展，才能真正推动中国海洋工业的发展和海洋经济的转型。

实施基于生态系统的海洋综合管理

基于生态系统的管理被认为是一种主动的解决跨界海洋开发利用问题、保护和维持海洋和海岸带生态系统及其功能的有效方式。通过建设海洋保护区、实施海洋功能区划、成立高层次海洋议事协调机构——国家海洋委员会等措施，中国政府在建立基于生态系统的海洋综合管理中做出重要进展。

海洋资源环境退化、海洋生境遭破坏、海洋和海岸带利用功能之间冲突、大陆自然海岸线保有率比例低等问题仍然存在，影响着中国的海洋可持续发展。因此，坚持陆海统筹，实施以生态系统为基础的海洋综合管理，形成综合运用行政、法律、经济等手段、中央与地方相结合、政府主导与社会参与相协调的管控格局，提升海洋综合管控能力是未来中国海洋可持续发展的关键。

为继续推进基于生态系统的海洋综合管理，有必要强调规划和区划的引领作用，健全海洋法律法规体系，为海洋综合管理奠定制度和法律基础。

典范城市：强化规划和区划的引领作用

为建立基于生态系统的海洋综合管理，应当坚持陆海统筹，完善中国和省级海洋功能区划体系，做好海洋事业发展规划、海洋经济规划、海岛保护规划同其他规划、区划的衔接与配合。加强海洋规划、区划的组织实施与监督检查，提高海洋开发利用行为的宏观管理水平，优化海洋开发的空间布局，使规划、区划在沿海地区经济社会发展中的调节作用得到充分发挥。

厦门市是中国福建省的著名滨海城市，以滨海旅游业、生物制药业和现代服务业著称。厦门自 20 世纪 90 年代就引入了海岸带综合管理机制，成功地遏制了海洋环境恶化趋势，为居民和游客提供了更好的游憩环境。厦门市在海洋环境保护方面走在中国前列，颁布了《厦门市海洋环境保护若干规定》《厦门市海洋环境保护规划》等海洋环境保护的法律和规划，奠定了海洋和海岸带保护的制度基础。近年来厦门更是不断推出保护海洋环境的新举措。

2014 年 4 月 3 日，中国厦门市正式发布《厦门美丽海洋建设行动专项规划（草案）》，确立了把厦门建成中国美丽海洋的典范城市的发展目标。厦门海洋资源环境优越，通过 2002 年和 2006 年

2013 年 9 月，第八届海峡（福州）渔业博览会渔业合作重点项目签约仪式在福州海峡国际会展中心举行。

对西、东海域进行的全面整治，缩小了海域养殖规模，全市海域港口、旅游、生态主体功能区所占比重达到了80%左右，这大大促进了港口航运、滨海旅游业的发展。此外，厦门市大力推进海洋生物制药、游艇邮轮、海水综合利用等海洋新兴产业，令全市的海洋经济增加值从2003年的94.6亿元，增加到了2012年的318.5亿元，占全市GDP的11.3%，年均递增12%。目前，厦门市每平方公里海域创造的海洋经济增加值达到8100万元，为全省平均水平的20倍以上，全国平均水平的40倍以上。

扎实推进海洋环境保护，大力发展海洋科技产业，让这座海滨城市焕发青春。《厦门美丽海洋建设行动专项规划（草案）》代表了厦门市进一步发展海洋事业的愿景，目标是实现海洋经济发达、海洋生态环境优美、海洋科技创新、海洋文化丰富和海洋管控有力、有效的新局面，基本实现美丽海洋建设，把厦门建成中国美丽海洋的典范城市。

厦门市是中国海滨城市中的一员，在厦门市的示范和引领下，中国将会有更多的沿海城市发挥全社会力量，凝心聚力、真抓实干，保护海洋环境，促进海洋事业发展，建设美丽海洋。

海洋法律保护制度建设：健全海洋法律法规

推进海洋生态文明法制建设更需要一个完善的海洋环境保护法律体系。1983年3月1日起开始施行的《海洋环境保护法》标志着中国的海洋环境保护工作走上了法制轨道。随着海洋环境保护事业的发展，海洋环境保护法制逐步健全，已经形成了以《宪法》为根据，以《环境保护法》为基础，以《海洋环境保护法》《野生动物保护法》《渔业法》等专门法为主体，以海洋环境保护行政法规、地方性法规、规章为补充，与国际公约相协调的海洋环境保护法律体系。

2014 年 6 月 8 日，世界海洋日暨全国海洋宣传日活动在上海举行。

当然，中国的海洋环境法制体系建设仍未完成，应当在现有海洋法律法规基础上，进一步完善海洋法律法规体系。如尽快出台《海洋基本法》；继续推动《海洋环境保护法》及其配套法规的修订；促进《渤海区域管理法》《海岸带综合管理》的立法进程。在执行已经出台的法律法规方面，中国还需要付诸进一步的行动。

规范海域使用是缓解资源开发和环境保护之间矛盾的有力工具，海域使用领域的制度建设，也反映出中国倡导有序开发海洋资源，维护海洋生态环境效益的决心。例如，仅 2013 年 1、2、3 月国家海洋局和沿海省市就制定了多项海域使用规章条例，包括：2 月 6 日，国家海洋局印发《2013 年海域管理工作要点》；2 月 28 日，浙江省出台《浙江省海域使用申请审批管理暂行办法》《浙江省海域使用权登记管理暂行办法》《浙江省招标拍卖挂牌出让海域使用权管理暂行办法》等管理规定；3 月 1 日，《浙江省海域使用管理条例》正式实施；3 月 14 日，海南省海洋与渔业厅印发《海域使用申请审批程序》和《填海造地年度计划指标申请审批程序》；等等。

保障和建设海洋生态文明的“蓝丝带”

美丽中国离不开美丽海洋。建设海洋生态文明、应对气候变化，是中国生态文明建设不可或缺的重要组成部分，也是海洋可持续发展应有的内涵。

2007 年 6 月 1 日，海南省三亚市成立了三亚蓝丝带海洋保护协会。协会负责人解释说，“蓝丝带”代表了感恩、鼓励、关怀和爱。作为民间的公益性海洋保护组织，协会早期只有南山、天涯海角、喜来登酒店、工商银行、海南网通、三亚移动、三亚鲁能、亚龙湾等 40 多家企业协会成员。到目前，蓝丝带海洋保护协会已有会员单位 61 个，捐赠单位 5 个。协会在海南、广东、上海多所大学建立了“蓝丝带志愿者服务社”，有超过万人的志愿者队伍。他们组织各类海洋保护宣传活动 300 多次，发放宣传册 20 万册，海洋环保腕带 30 万个，向超过 1000 万公众进行海洋保护的宣传，有近百万人次的志愿者参加蓝丝带海洋保护活动。

联想公益创投基金会无偿提供经费，用于“蓝丝带”的各种海洋保护活动。另外，颐和公司、社科院等单位也为“蓝丝带”协会捐赠资金，用于各项活动的开展。

2013 年，海南三亚学院组织了“保护三亚河”项目，在蓝丝带海洋保护协会等部门的帮助下，海南三亚学院把三亚全市四所高校及各公益团体聚集起来，开展了“百团共卫三亚河”活动。活动为期半年，包括调查、清理、宣传，线上线下配合开展，并由“河”及“海”进一步拓展等，吸引了众多志愿者深入学校、社区、周边商店等全面开展宣传活动。

志愿者们通过实地调查记录，排查了三亚河周围的排污口、污染源及垃圾分布等现状，并完成调查报告，在力所能及的程度内为政府相关职能部门的工作提供了一份参考数据。

2010年6月8日，世界海洋日当天，海南省三亚市举行了“蓝丝带海洋环保中国行”活动。

从清洁海滩到配合专家项目调研，从开展海洋环境与资源保护科普宣传到培训讲座，从保护三亚河到呼吁更多的志愿者加入到海洋环保行列，志愿者们为海洋环保事业忙碌着。

三亚市崖城镇梅联村有处河流入海口。由于当时村里只有村头和村尾两处垃圾站，村民们为了图方便，就把垃圾投掷在河流入海口。日积月累，那里就成了“垃圾山”。志愿者们发现这一情况后，就联系当地村委会和环卫局，借来垃圾车和铁锹，顶着烈日和刺鼻的味道，清除了这一影响海洋环境的隐患。为保证此地不再形成小“垃圾山”，志愿者们通过走访宣传活动，告诉当地群众在此倾倒垃圾的危害，提高了当地居民参与环保的意识。

公益社团存在人员流失问题，为此，社团内部也结合“应用心理学”的理论，一方面组织志愿者主题培训和拓展活动，及时解决志愿者们自我怀疑和不坚定的问题，加强团队凝聚力和向心力；另一方面完善团队组织建设，在团队成立“志愿者之家”，创建“家文化”，由能力突出的志愿者管理，组织原有成员以及受影响而后期加入的志愿者们开展志愿活动，为所有想参与志愿活动的志愿者们提供机会与平台。这些措施不但减少了人才的流失，还吸纳了更多的新生力量。

尽管目前中国类似“蓝丝带”的海洋环境保护组织还不算多，影响还不算大，但随着中国官方和民间对海洋环境保护和建设海洋生态文明认识的共同提高，完全可以期待，“蓝丝带”很快就会在中国的海岸线上到处飘荡。

领导干部的海洋环保责任考核

如果说，海洋环境保护工作已经在中国的民间成长壮大，那么，在中国的各级领导部门中间，严格的海洋环境保护考核制度也已经雨后春笋般地生长起来。

在中国的海洋大省福建省，海洋环境保护做的怎么样？设定考核内容，用打分的方法来做出评判。福建省的这一做法引起了社会广泛关注。

主要考核 5 项内容，满分 120 分——福建省海洋开发管理领导小组办公室决定，2014 年 4 月中旬对沿海各设区市人民政府及平潭综合实验区管委会的 2013 年度海洋环保工作进行责任目标考核打分。年度沿海设区市海洋环保责任目标考核得分将以权重方式计入 2013 年沿海设区市环保目标责任书考核总分数内。

其中，海洋环境质量占 20 分，考核内容包含辖区近岸海域海水水质、海水水质是否符合海洋功能区标准、重点流域入海口水质状况等 3 项；海洋污染控制占 35 分，考核内容包含贯彻实施当地海洋环境保护规划、海洋环境（含应急）监视监测、沿海污水处理厂尾水排放达标、涉海工程环评报告核准与环保措施落实、养殖规划编制与环境整治、主要港口船舶污染防治、重点区域海漂垃圾治

清理海上漂浮的油污与白色垃圾，净化海洋环境。

理等 7 项；海洋生态保护占 30 分，考核内容包含各类保护区管理、海洋环境综合整治和生态修复、海砂资源保护和管理、海洋生态文明示范区建设、涉海项目海洋生态损害补偿试点等 5 项；海洋环境监管能力占 15 分，考核内容包含年度海洋环保管理体制和资金投入机制、建立海陆海洋环保机制和县级海洋环境监测和执法能力建设等 3 项；区域突出海洋环境问题整治占 20 分，考核内容包含按照各沿海设区市年度海洋环保责任目标中区域突出海洋环境问题整治目标中的 2 项。

以上 5 项考核内容，具体由福建省海洋与渔业厅、环境保护厅、住房和城乡建设厅、林业厅、海事局、海洋与渔业执法总队等单位分别或者联合负责相关内容的考核。

结束语

海洋是美丽的，无可替代的美丽。

海洋的美丽不单单是水族馆、海洋馆或者极地馆里展现出的它的审美价值，也不仅在于它是人类现在和未来生存所依赖的资源宝库的财富价值，还在于它是对于人类来说从来就有的一直陪伴的精神价值。

广阔而又美丽的海洋，既有待于人们进一步的认识、合理的开发和利用，更有待于人们有效的保护。

在人类发展和世界进步的过程中，作为发展中国家的中国，在经济和社会取得发展的同时，用全新的眼光和态度认识海洋、利用海洋、保护海洋已经成为一种自觉和必须。这种自觉和必须也许不会在短时间内形成，但这种自觉和必须已经在13多亿中国人的内心开始发酵，并正在用行动让这片蔚蓝色的海洋散发出更加深厚的魅力。

附录 1

中国国家级海洋自然保护区						
序号	保护区名称	行政区域	面积（公顷）	主要保护对象	类型	始建时间
1	合浦儒艮	北海市	35000	儒艮及海洋生态系统	野生动物	1986
2	山口红树林	合浦县	8000	红树林生态系统	海洋海岸	1990
3	北仑河口海洋	防城港市防城区	3000	红树林生态系统	海洋海岸	1985
4	九段沙湿地	浦东新区	42020	河口沙洲地貌和鸟类	内陆湿地	2000
5	崇明东滩鸟类	崇明县	24155	候鸟、中华鲟	野生动物	1998
6	黄金海岸	昌黎县	30000	海滩及近海生态系统	海洋海岸	1990
7	古海岸与湿地	宁河县、大港、津南区等	99000	贝壳堤、牡蛎滩古海岸遗迹、滨海湿地	海洋海岸	1984
8	大连斑海豹	大连市	909000	斑海豹及其生境	野生动物	1992
9	蛇岛—老铁山	大连市旅顺口区	14595	蝮蛇、候鸟及蛇岛特殊生态系统	野生动物	1980

中国国家级海洋自然保护区						
序号	保护区名称	行政区域	面积（公顷）	主要保护对象	类型	始建时间
10	城山头	大连市金州区	1350	地质遗迹、古生物化石及海滨喀斯特地貌	地质遗迹	1989
11	鸭绿江口滨海湿地	东港市	108057	沿海滩涂湿地及水禽候鸟	海洋海岸	1987
12	双台河口	盘锦市兴隆台区	80000	珍稀水禽及湿地生态系统	野生动物	1987
13	滨州贝壳堤岛与湿地	滨州市	80480	贝壳堤岛、湿地、珍稀鸟类、海洋生物	海洋海岸	1998
14	黄河三角洲	东营市	153000	原生性湿地生态系统及珍禽	海洋海岸	1990
15	长岛	长岛县	5300	鹰、隼等猛禽及候鸟栖息地	野生动物	1982
16	荣成大天鹅	荣成市	1675	大天鹅等珍禽及其生境	野生动物	1992
17	厦门珍稀海洋物种	厦门市	33088	中华白海豚、白鹭、文昌鱼	野生动物	1995

中国国家级海洋自然保护区						
序号	保护区名称	行政区域	面积（公顷）	主要保护对象	类型	始建时间
18	深沪湾海底古森林	晋江市	3400	海底古森林遗迹和牡蛎海滩岩及地质地貌	古生物遗迹	1991
19	漳江口红树林	云霄县	2360	湿地红树林生态系统	海洋海岸	1992
20	东寨港	海口市美兰区	3337	红树林生态系统	海洋海岸	1980
21	三亚珊瑚礁	三亚市	4000	珊瑚礁及其生态系统	海洋海岸	1990
22	铜鼓岭	文昌市	4400	珊瑚礁、热带季雨林、野生动物等	海洋海岸	1983
23	大洲岛	万宁市	7000	金丝燕及生境、海洋生态系统	海洋海岸	1987
24	大丰麋鹿	大丰市	2667	麋鹿及其生境	野生动物	1986
25	盐城沿海湿地珍禽	大丰、滨海、东台、射阳等	453000	丹顶鹤等珍禽及海涂湿地生态系统	野生动物	1984
26	雷州珍稀水生动物	湛江市	46864	雷州湾海洋生态系统	海洋海岸	1983

中国国家级海洋自然保护区						
序号	保护区名称	行政区域	面积（公顷）	主要保护对象	类型	始建时间
27	徐闻珊瑚礁	徐闻县	14378	珊瑚礁生态系统	海洋海岸	1999
28	惠东港口海龟	惠东县	800	海龟及其产卵繁殖地	野生动物	1986
29	内伶仃—福田	深圳市福田区	815	红树林及猕猴、鸟类	海洋海岸	1984
30	珠江口中华白海豚	珠海市	46000	中华白海豚及其生境	野生动物	1999
31	南澎列岛	南澳县	35679	海洋生态系统及海洋生物	海洋海岸	1991
32	湛江红树林	湛江市	20279	红树林生态系统	海洋海岸	1990
33	韭山列岛	象山县	48478	大黄鱼、鸟类等动物及岛礁生态系统	海洋海岸	2003
34	南麂列岛	平阳县	19600	海洋贝藻类及生境	海洋海岸	198
35	福建闽江河口湿地	长乐市	3219	海洋与海岸生态系统类型	海洋海岸，野生动物	2001

附录 2

中国国家级海洋特别保护区		
序号	名称	面积 （公顷）
1	江苏海门市蛎岈山牡蛎礁海洋特别保护区	1222.9
2	浙江乐清市西门岛国家级海洋特别保护区	3080
3	浙江嵊泗马鞍列岛海洋特别保护区	54900
4	浙江普陀中街山列岛国家级海洋生态特别保护区	20290
5	浙江渔山列岛国家级海洋生态特别保护区	5700
6	山东昌邑国家级海洋生态特别保护区	2929.28
7	山东东营黄河口生态国家级海洋特别保护区	92600
8	山东东营利津底栖鱼类生态国家级海洋特别保护区	9404
9	山东东营河口浅海贝类生态国家级海洋特别保护区	39623
10	山东东营莱州湾蛏类生态国家级海洋特别保护区	21024
11	山东东营广饶沙蚕类生态国家级海洋特别保护区	8282
12	山东文登海洋生态国家级海洋特别保护区	518.77
13	山东龙口黄水河口海洋生态国家级海洋特别保护区	2168.89
14	山东烟台芝罘岛群海洋特别保护区	769.72
15	山东威海刘公岛海洋生态国家级海洋特别保护区	1187.79
16	山东乳山市塔岛湾海洋生态国家级海洋特别保护区	1097.15
17	山东烟台牟平沙质海岸国家级海洋特别保护区	1465.2
18	山东莱阳五龙河口滨海湿地国家级海洋特别保护区	1219.1
19	山东海阳万米海滩海洋资源国家级海洋特别保护区	1513.47
20	山东威海小石岛国家级海洋特别保护区	3069
21	辽宁锦州大笔架山国家级海洋特别保护区	3240
22	天津大神堂牡蛎礁海洋特别保护区	3400
23	莱州浅滩国家级海洋生态特别保护区	6780.1
24	蓬莱登州浅滩国家级海洋生态特别保护区	1871.42

附录 3

中国国家级海洋公园			
序号	国家级海洋公园	面积（公顷）	保护对象
1	江苏海门蛎岈山国家级海洋公园	1545.91	海岸地质景观
2	江苏连云港海州湾国家级海洋公园	51455	独特的海蚀地貌以及特殊的基岩岛礁与海洋自然遗迹资源
3	江苏小洋口国家级海洋公园	4700.29	湿地景观
4	浙江渔山列岛国家级海洋生态特别保护区暨国家级海洋公园	5700	海洋渔业资源、海岛景观、渔村文化
5	浙江洞头国家级海洋公园	31104.09	海岛生活、渔民生活、海岛景观
6	福建厦门国家级海洋公园	2487	滨海景观
7	福建福瑶列岛国家级海洋公园	6783	海岛景观
8	福建长乐国家级海洋公园	2444	历史文化遗迹
9	福建湄洲岛国家级海洋公园	6911	妈祖文化、海岛景观
10	福建城洲岛国家级海洋公园	225.2	海洋渔业资源
11	山东刘公岛国家级海洋公园	3828	海岛景观
12	山东日照国家级海洋公园	27327	滨海景观、历史遗迹
13	山东大乳山国家级海洋公园	4838.68	滨海自然风光
14	山东长岛国家级海洋公园	1126.47	海岸地貌、斑海豹
15	广东海陵岛国家级海洋公园	1927.26	海湾景观、历史文化遗迹
16	广东特呈岛国家级海洋公园	1893.20	滨海生物群落景观、地质遗迹
17	广东雷州乌石国家级海洋公园	1671.28	渔港民俗文化、海滨景观
18	广西钦州茅尾海国家级海洋公园	3482.70	红树林和盐沼等海洋生态系统
19	广西涠洲岛珊瑚礁国家级海洋公园	2512.92	海岛风光、珊瑚礁